Creating a Capital for Japan : Together with Regional Decentralization
First published 2000
©Copyright Shin'ichi Okada, 2000
Published by O.S.Planners (OSP)
Distributed by SHOKOKUSHA Publishing Co.,Ltd.
25 Sakamachi,Shinjuku-ku,Tokyo 160-0002,Japan
Printed by TOPPAN PRINTING Co., Ltd.
ISBN4-395-51060-4 C3352

目次

Tokyo as Capital　　6

第1章　まえがき　　10

第2章　首都移転論の不思議　　14
1. 東京が過密であるという問題　　16
2. 首都東京をどの範囲の領域でとらえるかの問題　　17
3. 現在の首都に対する認識の問題　　18
4. 危機管理の問題　　20
5. 器を新しくすることが行政改革をうながすという問題　　21
6. 「人心一新をはかるために……」首都移転を計画するという問題　　22
7. 移転のために14兆円を投入，14兆が130兆になるというコストの問題　　23
8. 時間の幻想　　24
9. 首都移転論から国土再生計画へ　　25

第3章　首都はどうつくられてきたか　　28
1. ブラジリア　　28
2. キャンベラ　　32
3. ワシントンD.C.　　35
4. パリ　　39
5. ベルリン　　46
6. ロンドン　　53
7. 江戸・東京　　60

第4章　なぜ，安易に首都移転論が語られ実行されようとしているか　　66

第5章　首都はどうあるべきか　　68

第6章　東京改造による新首都計画〈新首都東京2300計画〉　　70
1. 〈新首都東京2300計画〉　　72
　　折込1.〈新首都東京2300〉2000年
　　折込2.〈新首都東京2300〉2000〜2100年
　　折込3.〈新首都東京2300〉2100〜2300年
2. 〈新首都東京2300計画〉の実現手法　　87
3. 21世紀計画としての実施について　　89

第7章　新首都東京の実現──バーチャル都市のリアライゼーション　　94
1. 国際ハブ空港──東京国際空港　　94
2. 国際ハブ貿易港──東京国際貿易港　　94
3. 国際機関　　95
4. 卸市場　　95
5. 都市型住宅の建設──量の問題　　96
6. 埋立島小都市の都市計画　　101

第8章　都市を創るための制度の問題　102
1. 都市に人は住む ……………………………………………………………………… 102
2. 土地に対する概念を変える——土地公有化 ………………………………………… 103
3. 相続税を変える ……………………………………………………………………… 104
4. 建築容積率を下げる，規制を厳しくする地域——都市の容積率 ………………… 106
5. 建築容積率を上げる，規制を緩和する地域 ………………………………………… 107
6. 用途地域に関する規制緩和 ………………………………………………………… 107
7. 東京湾に埋立島をつくる問題——環境アセスメント ……………………………… 108

第9章　新首都東京の実現——リアル都市の整備　110
1. 行政改革と中央官衙街 ……………………………………………………………… 110
2. 居住人口を増やす——都心地区の容積の割増 …………………………………… 111
3. 学校用地の不足 ……………………………………………………………………… 113

第10章　東京都の改造計画　114
1. 公営住宅の建替え——質の問題 …………………………………………………… 115
2. 住宅地計画と区画整理 ……………………………………………………………… 117
3. 副都心群の計画 ……………………………………………………………………… 119
4. 都市自治体の再編 …………………………………………………………………… 120
   - ■都市型住宅の諸タイプ
     岡山県営中庄団地／国際学生村コンペ案／ナナトミ，いわきリゾート／青森芸術パークコンペ当選案／ミルトン・ケインズ／ベルリンの都心 …………………………………………………………… 121
   - ■小都市・埋立島計画に関する事例
     OBP計画／三原港計画／蘇我臨海部整備計画 …………………………………… 125
   - ■都心業務地区計画事例
     汐留B地区コンペ案／品川JR跡地開発計画／八重洲計画／丸の内計画 ……… 126

第11章　首都D.C.と業務金融都市の併存　128

第12章　地方分権と地方都市　130
1. 函館 …………………………………………………………………………………… 130
2. 岡山 …………………………………………………………………………………… 134
3. 横浜新港地区 ………………………………………………………………………… 138
4. 沖縄 …………………………………………………………………………………… 140

第13章　都市産業　142
1. 都市産業——ハイテクノロジーの進歩が国を支え，ロウテクノロジーとしての都市産業が国を守る ……… 142
2. 雇用の促進と都市産業——手仕事のすすめ，職人の復活／セーフティネット … 146
3. 行革と地方分権と都市産業 ………………………………………………………… 148
4. グランドデザインと都市産業 ……………………………………………………… 149

第14章　首都のバックアップ機構と魅力ある地方都市の創造，そして一国二制度　150

第15章　むすび——新しい国土を創るという視点から　154

岡田新一略歴／OSPメンバー …………………………………………………………… 160
出典／撮影 ………………………………………………………………………………… 162

Tokyo as Capital

The current government idea of relocating the capital of Japan can only be called outrageous. Given the clear Japanese national identity and, high cultural level of the city, there is no valid motivation for such a move. The city of Edo (Tokyo) already has a history of five centuries. Instead of abandoning it, we ought to reconstruct it. This would be a far better way to greet the twenty-first century.

Tokyo 2300

[Because space limitations forbid my going into detail here, for a fuller treatment of the issue, I refer the reader to *Toshi wo Tsukuru* (Urban Origination ; p.120 and following, published by Shokoku-sha)].

My idea is to renovate Tokyo as a capital city by creating an administrative zone directly under national control. This district would have a form resembling that of a balancing toy called *yajirobei*, with a central head section from which long lateral arms extend. In the renovation plan, the head section would be represented by the present three wards in the heart of the city, and the arms by a belt zone extending along the shore of Tokyo Bay. The world-renowned imperial palace and its wooded grounds would form the centerpiece of the head district. A cyber-city, the arms district would be realized in urban terms over a long period divided into century units.

Relocating the Capital——Negative Motivations

Congestion is given as the motivation for relocating the capital. Undeniably, at present, Tokyo is not a desirable urban environment. But that is a problem for Tokyo, not for the capital. Furthermore, since the population of Japan is conjectured to decrease by half in a century, this factor must be taken into careful consideration, especially in connection with policies related to population concentration and distribution.

With five centuries of cultural history behind it, the neighborhood of the Diet Building is beautifully worked out. There is no reason to abandon this part of our heritage and move elsewhere.

Streamlining the administration is another reason given for moving the capital. But changing the container does not necessarily mean improving the contents. The important question is how to make the administration itself better.

Thought must be given to amounts of time and money involved in creating a new capital city. The currently quoted figure of fourteen trillion yen would go for the construction of a few buildings. Work on the actual urban-creation scale is estimated to run to more than one hundred trillion. And even this would go for engineering and public works only, exclusive of nationwide vitalization.

In current administration-level debate, a single impulsively grasped problem has taken over as policy. Congestion, disaster prevention, administrative reform, and economic revitalization, all advanced as reasons, are actually separate, isolated problems with no bearing on any real inevitability of relocation. They are all negative motivations.

The important issue, however, is deciding what form the Japanese capital should assume in future generations. No attention is now being given to positive motivation for planning a new capital on the basis of a total image suited to the course Japan must follow in the future.

Transition Phase
Japan confronts a major transition phase. Till now, accepted opinion has supported the idea of building a new capital on vacant land somewhere. The time has come to discard that idea. Still, merely accepting the old unaltered, is not the right attitude for a transition phase.

To contribute to the global society of the twenty-second century, during the twenty-first, we must strive to build peace without military arms and must create a model of a highly value-added, comfortable, wholesome city.

While protecting Japan's position in international society, attaining these goals will contribute to world resources. Doing so will require us to accept our historical heritage as we grasp the nature of contemporary currents. The most desirable way to achieve this is first to draw up a future system master plan. Then, superimposing that plan on the map, we must gradually redo zone by zone, starting with the most important parts, until we have completed the new capital.

The new city must evolve form a clear image. The image must not be something like a master plan in the general current sense. Instead it must be a master plan as image or system. The frequently mentioned idea that the new capital should consist of buildings soaring amidst greenery is a concept of the early twentieth century, following in the wake of Le Corbusier's already outdated concept of the *ville radieuse*. I do not believe a high-quality city can be created on the basis of it.

The Japanese administrative structure is organized in isolated ministries and departments with little contact among them. Such a setup makes urban design on the basis of an overall image impossible. The process up to now has been one in which, after infrastructure planning was carried out and zones demarcated, individual buildings were constructed within city blocks. This is no way to build a new capital we can be proud of.

Probably we cannot create an urban vista superior to the one that already exists in the vicinity of the National Diet building. Who, once liberated from the framework of various restrictions, will produce the master plan establishing a future system? And what mechanism will determine the picture of the new capital and develop a diagrams from it? Factors like these will probably govern Japan's transition phase.

Creating a new capital and readjusting regional cities are the two axes of the vehicle. The master plan for Tokyo Bay can be applied to Osaka Bay as well.

日本の首都を創る

―― 地方分権とともに ――

岡田 新一

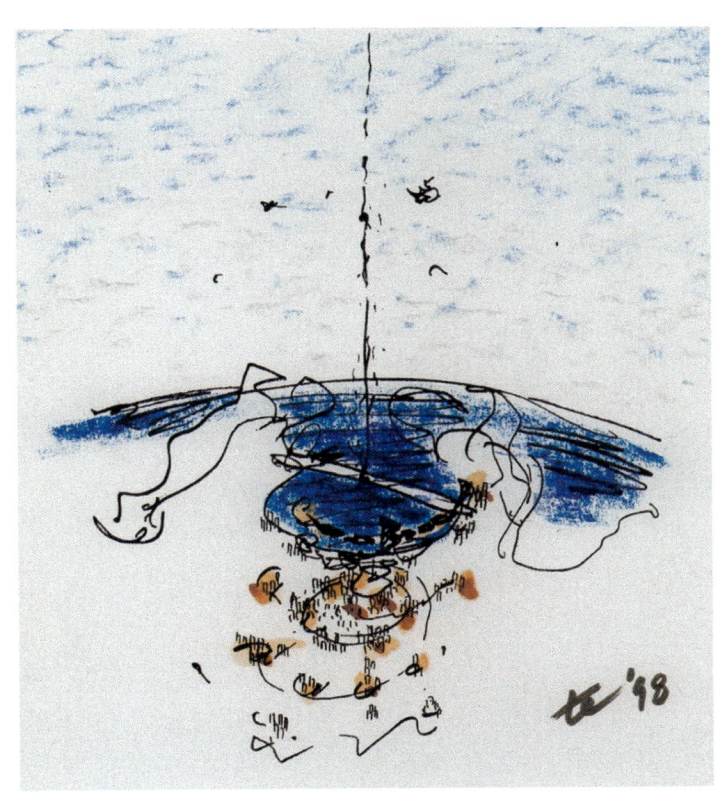

第1章 まえがき

　日本の現状をみると，政治，経済，産業，都市，教育，文化などすべての分野にわたって行き詰まりの状態は深刻なものがあり，多くの識者達が日本の将来に対して大きな憂いを抱いています．景気の回復は遅れ，市民生活に活気がみられない状況が長く続き，真の豊かさを実感するに至っておりません．1996年に経済企画庁が行った「構造改革5つの問題点」の指適の中の第5項に，"真の豊かさの実感(できる社会の建設)"を掲げていることにみられるように，それは国民的な課題です．国民は物資の充足したバブル期の豊かさに踊らされましたが，その泡沫的な仮の豊かさに疲れ果てているのです．とくに，政治，行政，金融，建設関係の疲弊は目に余るものがあり，その緊急対策として行政改革，地方分権などの改革が行われようとしています．また戦術的対策として金融ビックバン，土地流動化による不動産業，建設業の振興などが叫ばれています．しかし，それらの問題に対して政府は着手したばかりで，その実行がどのような結論に向かって着地をするか，進行がはかばかしくないのみならず，着地の方向すら危ぶまれる状態が続いています．日本の将来をどのように指導していくかのビジョンがつくられていないのです．
　　　　　　　　　　　　　　　　　　　　　　　　　　　　　　　　　　　　　(1997年記)

これは，OSシリーズの第1巻として『都市を創る』を出版した際の文章ですが，その後，金融，生保，証券などの分野で，これまで考えられなかったような倒産があり(日債銀，東邦生命，山一証券等)，また，産業面でも，花形産業であったダイエーの低迷，ルノーの日産への資本参加等にみられるように，経済・産業の低迷は底知れず続いています．
政府は金融ビッグバン対策として160兆円の支援枠を準備し(1999年)，経済活性化対策として24兆円の公共投資を行い，さらに1999年後期には10兆円[*1]の第2次補正予算が組まれるなどの活性化対策を繰返し行いましたが，いまだに金融不安は残り，国内の基幹産業である建設関連産業は危機的状況から脱していません．そのような危機的日本の状況を，誰しもがひしひしと感じています．
また，少子高齢化の問題，雇用の問題，健康・保健・社会保障等の身近な生活上の問題で多くの改革が行われなければ，国民は豊かさを実感することができないような状況にあり，それらの問題に，政府のみならず国民全体が真剣に取り組まなければならないと強く感じています．
それを受けて行政改革，地方分権を骨格とした多くの改革が行われようとしています．それら

の改革は絶対にやり通さなければならない，そのような覚悟で事にのぞむべきことを私たちは認識しはじめています．

しかし，それらの改革は，その目的とする総合的なビジョンをもたずに，どうして着地点が探られるでしょうか．指導者達は当面の改革点を取り上げ，対処する姿勢を示していますが，それをどのように操作していくか，——それは目前の問題点の解決のみですますこともできますし，多少困難を伴っても，将来を見据えた着地点に正しい解決を導くこともできます．国民としては多少の犠牲を覚悟し，また厳しい状況を我慢してでも将来の(21世紀を超えた)ビジョンを目標にして施策を導いていき，明るい未来に着地するという，それを可能とする指導者を待望しているのです．

ビジョンをもつためには，その設計図としてグランドプランが描かれなければなりません．私はここで，問題点を明確にするために，現在検討され多くの議論を呼んでいる「首都移転問題」をまず取り上げたいと思います．それに論評を加え，新たな「首都論」を展開することによって，それに付随する多くの問題——全国的な問題を含む——を明らかにし，解決へ向けての提案を行いたいと考えます．

首都移転論は，バブル最盛期に飽和状態になるであろうと推測されていた東京を，ニューヨークとワシントンD.C.のように機能分化することで将来に対処するという考え，またバブル崩壊後の沈滞した日本の社会・経済状態の救いになるのではないかということで，活発に論じられたテーマの一つでした．1999年末には首都機能の移転候補地が決まり，次いで首都東京との比較考量が行われる予定です．ところが，現在の国の財政状況は首都移転を許すようなものではなく，その面から急速に移転論はしぼんでいく様相をみせはじめています．

財政改革の論点から，首都移転論は棚上げされてしまうのではないかとすら思わせます．それは「首都」の在るべき姿を議論した上での抑制ではなく，まったく別の動機(財政圧縮)による首都移転への圧力です．それは，在るべき姿を描く正論からではなく，別な，搦め手からの首都移転論つぶしに通じます．おそらく，この時期に首都移転論の声が消されるならば，再びそれを盛り上げることは不可能になりましょう．

はたしてそれでよいのでしょうか．これだけ盛り上がった運動を，正しい，そして日本の将来を見据えた地点に着地させたいという思いが強くあります．首都移転論が消えても，日本の首都は現状通り，東京の中央官衙街を軸にして運営されていくでしょう．移転の最大の動機であった東京の過密の問題は，少子高齢化時代に向かい人口の減少によって緩和されていくでしょう．そして何事もなかったように時は過ぎていくでしょう．しかし，それでは21世紀に入り，次に22世紀を迎えるに当たっての国策を失うことになりはしないか，日本の次代への良き発展に対するジャンプボード(踏み台)を獲得する機会を逸するのではないかと考えるのです．

私はここ数年，移転反対の立場から，首都移転論を批判してきました．江戸以来の歴史をもつ東京を首都として再生させることが，もっともコスト効率も良く，内容の優れた新首都を創ることができるという考えからです．このような対立論があればこそ，それぞれの案(計画)は磨きをかけられ，より完成度の高いものに昇華していきます．日本の将来に深く関わる「首都論」は，このように十分議論が重ねられるべきでしょう．しかし，これまでの趨勢をみますと，政治主導で動いてきた傾向が強くみられます．「首都」に関するような大きな問題は，もちろん政治レベルの判断が必要ですが，議論を重ねた上ではじめて，良識の府による主導が求められるべきではないでしょうか．しかし最近の推移は，必ずしもそうでないと思われるのです．これまでの「首都移転論」は単発的な動機付けの集合によって立案され，**日本の首都**としての総合的な視野に立脚した統合された計画には至っていない面が多々ありました．

これに関して不思議に思うことがあります．移転論の描くビジョンが夢のように浮いたものであることです．緑の中に高層建築が建つイメージが描かれたこともあります．そして，最終的に争われる東京都との比較考量には，それらのイメージがビジョンとして出されることになりましょう．現実に，移転論が指摘するような多くの問題(それらは東京都に対するものであって，首都機能をかかえる首都東京に対するものではないのですが——第2章2参照)をかかえながら首都機能を果たしている東京と，現在は原野であって，はるか将来のイメージしかない移転首都とが比較されるという不思議です．夢と現実では比較になりません．比較の基盤を同一にしてはじめて比較考量は可能になるわけです．それには，時間の要素として年次を導入することが必要です(第2章8参照)．

私がここで首都移転問題を取り上げるには，二つの大きな理由があります．
第一は，次の世代，21世紀，22世紀を通して，日本が国際社会の中で確たる存在を示しつつ存続するためには，**美しい首都**をもつことが必要条件になる，ということです．美しい首都という言葉を使いましたが，それは単に物理的状況をさすのではなく，リストラされた合理的な小さな中央政府を擁し，見事な首都の景観を形成し，職住近接の都市住居が整備され，そこには市民が交歓し得る豊かな都市空間があり，芸術の創造と鑑賞，飲食，購買，娯楽等の市民生活が住居の周りで享受することができる……，そのような都市を，美しいという言葉に代表させたのです．海外諸国ではロンドン，パリやベルリンがそのような美しい首都を目指して都市整備を行いつつあります．将来の国際社会(グローバリゼーション)においては，世界が注目し評価する首都をもつことは，国が存在するための大きな力となることが予測されます．また，それは国家の安全保障の大きな支えともなりましょう．そうしたビジョンをもたない首都移転では，美しい首都を創ることは不可能であり，また，現在の東京のままでは，首都移転論の対象となった事実からみても，美しい首都といえるものではありません．首都問題を，日本の将来を左右する大きな問題とし

てとらえる視点はここにあります．

第二は，首都(都市)を創るには，私たち国民に関わる多くの，ほとんどあらゆる問題を含んでいるということです．

都市を創ることは建築の設計に通底した行為であることに気付きます．建築の設計は，建主と，それを使う多くの人達の希望(イメージ)や要求(ファンクション)を満足させ，建てられる土地の環境と調和し，自然を採り入れ，快い雰囲気の空間を用意し，風土や歴史とも連繋し，バランスのとれた美しい姿をもつ建物をつくる行為です．建主，使う多くの人達という言葉を，政治家，市民という言葉に置き替えるならば，それは都市を創る方法論に結びつきます．

都市施設がバランス良く計画配置されて，市民の生活の基盤となる都市住宅の周りに病院，保健所などの医療施設，オフィスや工場などの働く施設，学校や生涯学習などの教育施設，芸術文化の創造と鑑賞施設，運動場，公園などの体育娯楽施設，日常購買の施設等々が空間豊かに配置され，また都市の歴史的風土をも継承し，親子代々が安心して定住できる都市環境をもち，しかも都市景観的にも優れている……，このような都市をイメージし創っていくのは，建築設計に共通する行為なのです．

そして，このような創造行為に通底するのは，設計哲学と，確たるビジョンによって導かれるグランドプランの存在です．このような創造行為として新しい首都を創るテーマを取り上げるならば，そこには政治，行政，財政金融，土地，産業，土木，建設，港湾，文化，教育，健康，医療，介護等，私たちの生活に関わるほとんどあらゆる問題が関連してくることになります．

現在，行政改革，地方分権は社会の大きな課題となっているわけですが，新しい首都を創るというテーマの下には，それらの緊急課題も含まれてきます．このような広範な，しかも緊急課題を解決するためのテーマとして，また，日本を再構築するための統合的かつ具体的なテーマとして「首都を創る」という命題をとらえたいと考えます．

新しい首都を創るためには，首都移転などという，コストがかかり時代遅れの方法をとるのではなく，歴史の流れを踏んですでに形を整えている東京をベースに，その弱点を補強し，再構築していくことがもっとも優れた道であると考え，その方法を追求しようというのが本書です．これはまた，首都のみでなく，他の地方都市を創ることにも関わる方法を示唆するものです．中央の行政改革，そして地方分権とをともに併行して推進すべき構造改革の時代を迎えて，それらの諸改革は，国民が安心して生活できる都市を創ること，国土を創ることに直結するわけであり，そのような都市創りのビジョンへ収斂していくことを願うものです．本書はそのような視点から取り組んだ東京計画であり，また同時に日本の国土計画でもあります．

*1　1999年度補正予算：当初10兆円と見込まれたものが，18兆円に拡大決定している．

第2章 首都移転論の不思議

日本が現在置かれているはなはだしく住み難い状況を，経済，雇用，住宅，介護，通勤，教育，等々総合的に解決することは，私たち国民大多数の基本的生活課題であり，それらを解決することは日本を指導する各界の人達の責務です．そのためには具体的問題である「首都計画」（現在，政府は首都機能移転を計画しています）を軸として計画を立てていくことが有効な手段であることを示すのが本書の目的です．

現在の政治的対応は，目前に現れる重要課題が個々に取り上げられて，総合的な視野が欠落しています．そのような状況が単に政治のみならず行政，経済などあらゆる分野を覆っています．目的地をしっかり見据える船長なしに，多くの漕ぎ手が勝手に櫂を操っているようなものですから，目的地に到達できるわけがありません．目的地をとらえていないのでは，船は大海をさまようだけです．日本の現状はこのように譬えることができましょう．

何よりもまず，目標を明瞭に把握すること，次に，それに向かって**総合的な方策**を立て実行に移すこと（あるいは，諸方策を統合的に関連付けるといってよいかも知れません）が大切です．このような当り前ともいえることが，実はないがしろにされているのです．先の見えない今の逼塞状況を脱するには，目標に向かって総合的に解決するというプロセスを着実に歩むことが実行されなければならないのです．

そのために首都移転問題に着目します．単に移転の良し悪し，賛否を問うのみでなく，この運動を契機として日本のあり方を考え――どのような首都をもつことが理想とされるか，首都と

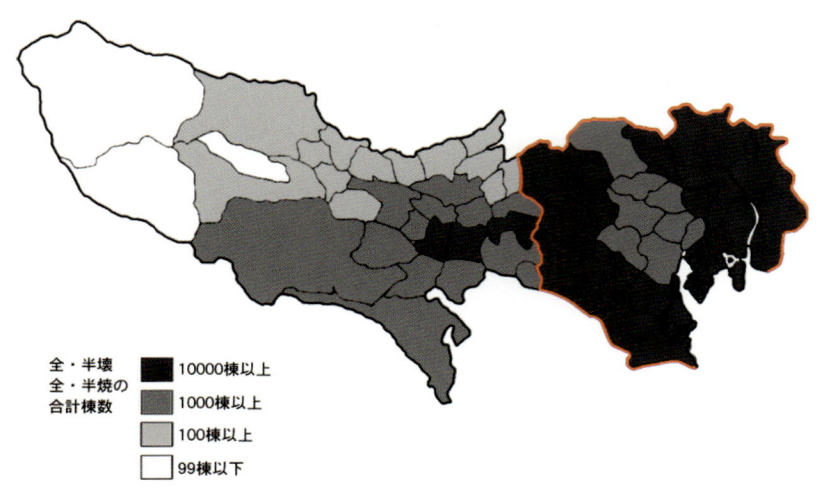

図2-1　災害シミュレーション図　東京で大地震が起こったら……

もし，東京が阪神大震災のような災害に見舞われたとしたら，図2-1にみられるように，東京都区部周辺部の木造密集地域に火災が発生する公算が大きいことが，木造住宅密集地域図（図2-2）に重ねてみることによって分かる．中心部には木造住宅密集地域は少ないため，災害を免れることがシミュレーション図で示されている．木造建築は建替えの時期に応じて，建築基準法に準拠した防火構造に変えていくことが必要である．

同時に地方のあり方も考え，私たちがつくるべき日本の姿を描くこと——そして，そのようなビジョン（目的地）に向かって改革の歩みを進めることが重要です．首都を計画するような具体的なプロジェクトを完成させるにはあらゆる問題がからむために，諸問題は統合的に解決されなければならないことになるわけです．

まず，首都移転論の内容と移転計画が現在の状況に至る推移を概観します．首都移転論が掲げている移転理由を列記してみましょう．

1. 東京一極集中に対する是正策として，首都移転論が台頭してきました．東京一極集中によってもたらされる諸々の弊害，たとえば人口の過度の集中，車の混雑，通勤難，そして中央政府の組織の肥大化による機能劣化等を解決する手段として，首都移転が立案されました．
2. 阪神大震災後にとくに強調されるようになりましたが，地震災害による大都市東京の機能麻痺によって日本の中枢機能が停滞することに対する対策，即ち，国家の危機管理対策として首都移転が考えられています．
3. またバブル崩壊後の経済の活性化の手段としても首都移転が有効であるという論もみられます．
4. 行財政改革，地方分権，規制緩和等抜本的な政治構造改革が迫っていますが，とくに行政改革のためには容器としての首都を新しい器に変えることが効果的であるとする論もあります．
5. 21世紀を迎え，日本が再生し，国際社会に伍していくには人心を一新しなければならない．そのために首都移転は有効である，ともいわれています．

以上のようなさまざまな理由が，首都移転に関して挙げられています．それらの一つ一つのテーマはもっともなことばかりです．しかし，それらの問題を統合して考えたときに，はたして首都移転（最近は首都機能移転にトーンダウンしましたが）が最良の対策なのだろうか，という根本的に素朴な疑問を抱かざるを得ません．そこで，それらの問題について，はたして首都移転がもっとも適切にそれらを解決する手段になるのか，ということを検証します．

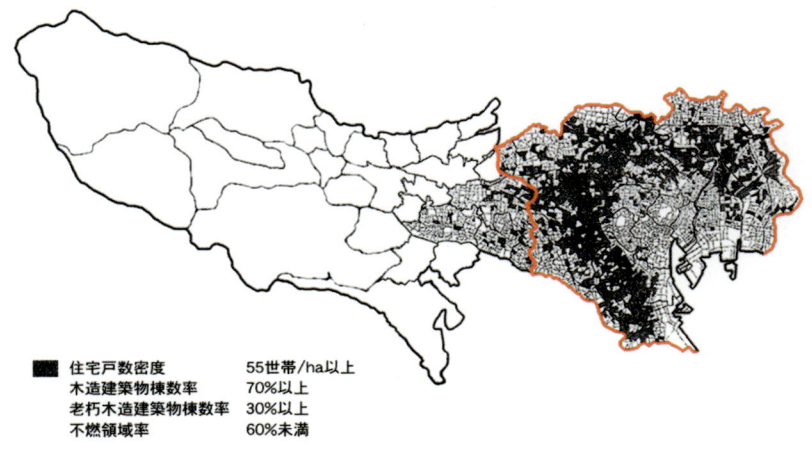

図2-2　木造住宅密集地域

1. 東京が過密であるという問題

首都移転論の論拠の一つに「東京への一極集中のために東京は過密となり，都市として混乱をきたしている．このカオス的状況を直すには人口を地方へ分散し，集中の弊害を避ける」という論点があります．

第一に，首都移転の対象となる地域(中央官衙街とその周辺)は，はたして過密でしょうか．実状は周知のように，中央官衙街をかかえる千代田区，中央区，港区の都心3区は人口の流出に悩み，建物を新築する場合には住宅を入れることを義務付けるという住宅付置義務条例を設定し，住宅(人口)の増加を義務付けしているくらいなのです．都心3区はいわば過疎地帯で，周辺5区，山手線近くになってはじめて人口の流出傾向が収まり，平準化しているのです(表2-1)．中心域にはむしろ，人口の増加を計らなければならないのが現状です．

第二に，人口が集中すると同時に建物が密集しているのは，山手線より外側の都市部なのです(図2-2)．そこは確かに道は狭く，建物(住宅，業務，商業)が密集して居住環境として良好なものではありません(2-1)．しかし，そのような住環境は，過大に人口が集中した結果，過密という状態に陥り，居住環境を破壊してしまったといえるでしょうか．確かに人口密度は稠密ですが(表2-2)，それは多くの木造の持ち家によっていることに問題があるのです．

山手線外側の都市域で密集住宅域がスプロール現象を起こしている状況は，日本の住宅政策に起因しています．住宅政策を戸建住宅に頼っているため，人口密度はそれほど高くはないのに，稠密で狭隘な混雑した市街地が出現しているわけです．

改められなければならないのは，人口を地方に分散させる(首都移転)ことではなく，都市に住む人々の住宅のあり方を変えていくことなのです．後述しますが，公営の都市型住宅に住宅政策をシフトすることです．そして，八王子(都心より50km)の遠方まで東京はスプロールしてしまっていることが問題なのであり，それらの諸都市はしっかりした人口に支えられた特徴ある自立した都市として，過度の東京への依存，あるいはベッドタウン化を断ち切って整備することの方がより適切な対策といえましょう．

区名	人口(人)	面積(km²)	人口密度(人/km²)
千代田区	39,760	11.64	3,416
中央区	73,356	10.15	7,227
港区	154,085	20.34	7,575
新宿区	264,154	18.23	14,490
文京区	166,591	11.31	14,730
山手線内都心5区合計	697,946	71.67	9,738
台東区	151,820	10.08	15,062
品川区	316,952	22.69	13,969
目黒区	238,062	14.70	16,195
渋谷区	185,806	15.11	12,297
中野区	294,659	15.59	18,901
豊島区	234,052	13.01	17,990
板橋区	497,896	32.17	15,477
北区	321,767	20.59	15,627
荒川区	169,758	10.20	16,643
墨田区	215,249	13.75	15,654
江東区	366,398	39.24	9,337
大田区	639,273	59.46	10,751
世田谷区	775,332	58.08	13,349
杉並区	502,146	34.02	14,760
練馬区	640,686	48.16	13,303
足立区	619,264	53.20	11,640
葛飾区	421,830	34.84	12,108
江戸川区	604,317	49.86	12,120
山手線外18区合計	7,195,267	544.75	13,208
東京23区総計	7,893,213	616.42	12,805

表2-1　東京都の人口密度(1998年9月30日現在)

東京23区の人口密度表から分かるように，都心3区の人口密度は極端に低い．山手線外18区の平均人口密度は，いわゆる人口密度といわれている都心周辺部の密度であるが，海外諸都市と比較したときに，必ずしも過密とはいえないデータを示している．都心の都市住居の構造の違いによるもので，都心では中高層の公共賃貸住居政策が採用されるべきことを示している．

2-1　甲州街道沿いの住宅密集地域

集中は，人々が集まり住む都市の宿命であり，都市の目的でもあります．

それが過密となる原因は，都市を創ることにビジョンをもたない都市計画の統合性の欠如にあります．集中が問題にされるということは，集中の仕方のまずさにあるのです．

2. 首都東京をどの範囲の領域でとらえるかの問題

首都移転の論議をしていて気付き，不思議に思うことは，誰もが，首都の領域を明瞭にとらえていないことです．青梅や八王子はもちろんのこと，吉祥寺や中野が首都の領域に入らないのは当然のことですが，それならば，どこまでが首都かと設問するときに，東京都の都市計画の担当者（首都移転反対の立場からですが）でさえ首を捻ります．たとえば，山手線内側と設定するならば，山手線という固定した環状の縁（エッジ）が基準となり明快なのですが，「いや隅田川までが首都ではないか……」「環七までは……」などという会話に発展します．まして東京都は，その行政域の東西の長軸が100kmに及ぶ巨大な領域であり，とても首都という，都市を規定し得る単位にはなりません．**東京都イコール首都ではないことは明らかです**（図2-3）．

パリの市域は東京都と同じように周辺に拡がっていますが，中心地区の首都パリ（旅行者が購入するパリの地図をイメージして下さい）は，山手線内側の東京，即ち旧東京市の領域と同じ面積なのです（図2-4）．約300年前の17世紀に大都市がつくられた時代に尺度となったのは，人間と当時の乗り物（馬乗）のスケールであり，そこから都市の広さが決まりました．したがって洋の東西を問わず，都市の広さにはある限界があり，その中で都市は発展してきたのです．パリではこの範囲の中に故ミッテラン大統領によるパリ改造計画のプロジェクト（新凱旋門，ガラスピラミットを中心としたルーブル美術館の整備，新大蔵省，新オペラハウス，アラブ研究所など5大プロジェクト）が進行し，19世紀半ばのオースマンの都市計画（1852～70年）によって整えられた現在のパリの都市構造の上に20世紀の再整備が行われ，時代に合った開発と発展を重ねながら，歴史あるパリは次の世紀でも立派にフランスの首都としての役割を果たしていくことになります．

世界の都市	人口(千人)	面積(km²)	人口密度(千人/km²)
東京			
都心部　　3区	266	42	6.33
8区	1,375	110	12.53
東京都23区	8,164	617	13.23
東京大都市圏	31,796	13,494	2.36
ニューヨーク			
マンハッタン	1,480	61	24.11
ニューヨーク市	7,322	833	8.79
ＮＹ大都市圏	19,550	32,791	0.60
ロンドン			
都心　　　3区	353	47	7.54
都心　　　6区	875	104	8.43
インナーロンドン+外周6区	3,753	593	6.33
ロンドン大都市圏	12,734	11,262	1.13
パリ			
都心　　　3区	658	39	16.84
都心　　　6区	2,152	105	20.43
パリ市・外周3県	6,141	763	8.05
パリ大都市圏	10,661	12,012	0.89

表2-2 ヨーロッパ，アメリカの都市と東京の人口密度の比較

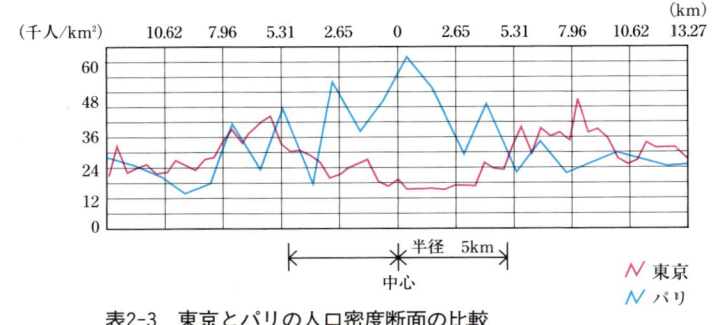

表2-3 東京とパリの人口密度断面の比較

東京とパリとは市域の広さ，人口は比較し得るサイズである．しかし都心の人口密度に関しては大きな開きがある．東京都心（3区）はロンドン，パリより人口密度は低い．東京23区は，ロンドン都心より人口密度が高く，パリ都心より低い．

パリが都市機能の補強を繰り返しながら、さらに魅力ある都市として栄えていこうとしているように、日本の首都も、現在の東京に適切な補強を加え改造することによって、十分に首都機能を果たし得ると考えます。

では、なぜ首都機能移転論が生じたのでしょうか。それは、移転論を契機として東京のもつ諸悪を是正しようと意図したのではないでしょうか。あるいは、停滞した経済の活性化や建築需要を刺激するなど、目先の受益理由が安直に首都移転論に走らせたのです。それらは首都移転とはまったく別個の問題です。「中身を変革(行革)するために器を変える」論法で、問題点のすりかえがあります。東京の諸悪は、それ自体を問題として解決すべきなのです。

3. 現在の首都に対する認識の問題

現在の日本の首都機能は、皇居を中心とする霞が関周辺に集中しています。江戸城の遺構をかかえ、スペースも広く、緑豊かで良好な環境の中に、国会議事堂や最高裁判所など三権を代表する立派な建物が並び、国際的な視野からも堂々たる都市景観を誇っています。多くの主要国の首都と比較して、皇居周辺の都市環境は世界に誇れる第一級の景観であるということは自信をもって認められます。豊かな自然環境、そして国家運営のための建物すべてがこのようにそろった首都環境は、国際的にみても数少ない、非常に優れた事例です。このような都市環境は一朝にしてできません。数百年の積み重ねの効果です。その間に、江戸幕府からの大政奉還、関東大震災、二つの世界大戦の経験、とくに第2次世界大戦後の焦土と化した東京からの復興など、それらの大きな難関を乗り越えてきた厚みが、皇居を中心とする環境美の中に輝いています(2-2)。

新しい土地に首都機能を移転させた場合に、このような優れた都市環境をつくるのにいったい何年かかるでしょうか？ 歴史はつくれるものではありません。また、予算の枠の中で計画される薄っぺらな官庁建築では、いくら年月を経過しても魅力ある都市環境はつくれません。

いかに首都を魅力あるものとしてつくることが大切か、現在に生きる私たちの社会の問題として、また国の問題としてとらえ、政策に反映さ

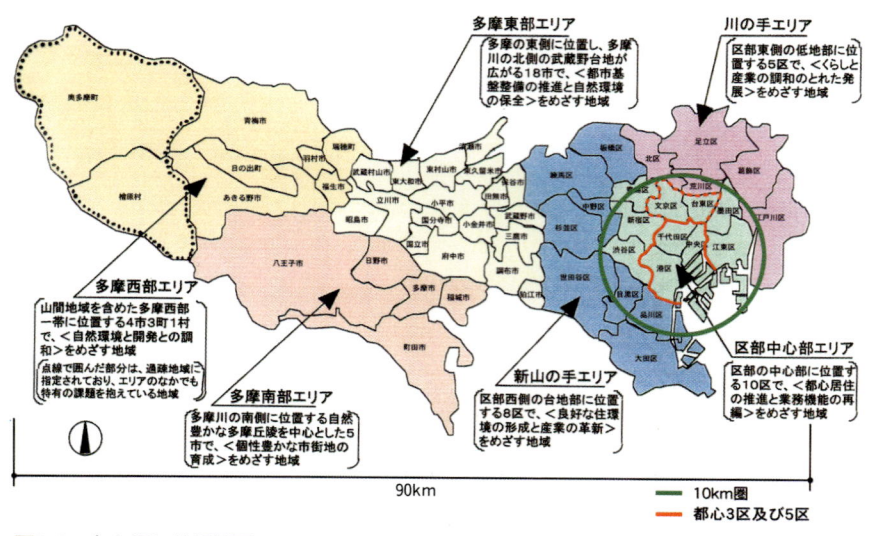

図2-3 東京都と首都範囲

東京都は東西90kmにわたる巨大な自治体領域である。したがって、東京都、即首都東京とみるわけにはいかない。東京都は、首都圏を形成する自治体の一つであると解すべきである。
首都としての領域をこの中で規定するならば、狭くは中央3区、または範囲を少し拡げて、中央5区が適切な首都機能を含み、適当なスケールをもつ首都領域と定義付けることができる。

詩人，劇作家，外交官であり，1921年から27年まで駐日フランス大使であったポール・クローデルは，皇居周辺を逍遙するのを常とし，半蔵門から桜田門へかけての濠の景観を，世界で類をみないものと賞賛している．

濠の水面，麹町へかけての起伏，そして江戸城の遺構，それらが総体として景観に寄与している．江戸城の石垣の構築方法が，大坂城，名古屋城，熊本城などの石垣と違って，裾（石垣下部）がなだらかな土盛りの斜面によって築造されていることも，桜田濠を穏やかな景観とする要因となっている．

2-2 皇居周辺・桜田濠（1994）

江戸城内濠に寄せて

ポール・クローデル

1

森にあらず，磯にあらず，日ごとわが歩むところ，一つの石垣あり
右手，つねに石垣あり……
石垣，つねにわれと相ともなひ，しりへ，つねに石垣をのこし，
行く手，繰れどもつきぬ石垣あり
右手，蜿々として石垣はつづく
左手に市あり あらゆる方に走り去る大路のかずかずあり
されど，右手，つねに石垣あり
いま（ここ停留場のあたり）歩を轉ずれば，かなた海あるを知れど
石垣，つねにひしと右手にあり
足下には大都，また燈火明滅する夕暮れのなか，
おぼつかなくもうごめく大衆あり
されど，右手，つねに石垣あり
われをして，つねにかつてのところに導きかへる石垣あり
かくて，われ眼を閉ぢ，手をのぶれば，忽ち感ず
右手，つねに嚴として石垣の存するを

2

漁夫は，波の底ふかく監をふせて魚をとらへ，
獵夫は，目に見えぬ網を枝に張って小鳥をとらふ．
庭師は曰く，われ月と星とを捉ふるには，いささかの
水あらば足り──花咲く櫻樹，火と燃ゆる楓樹を捉ふるには，
わが展ぶる一條の流れあれば足る，と．
かくて詩人は曰く，すなはち，神その上をわたりたれば，
紙あらば足る．すなはち，形象と思想を捉ふるには，ただ素白の
雪に痕つくる小鳥のごとく，必ずそこに影を印す．
蒼溟の后を招ずるには，わが展ぶるこの素白の甎あらば足り，
上天の帝を迎ふるには，月光，すなはちこの素白の
階あらば足る，と．

（世界詩人全集第5巻／山内義雄譯／河出書房）

せることが考えられなければなりません。歴史に支えらえ、見事に整備されている皇居周辺地区(中央官衙街)は、**世界遺産**に登録されるべき価値をもつと考えられます。そのことが理解されれば、首都東京の景観に対してより深い国民的認識が得られましょう。

4. 危機管理の問題

とくに阪神大震災後、首都移転論は大地震などの災害を取り上げて、過密都市東京では阪神大震災以上の災害をもたらす危険性があるといっています。はたしてそうでしょうか。この問題に関しては、少し冷静に考える必要がありそうです。国会議事堂、最高裁判所、警視庁などの中央官衙街の建物は、現在、日本における最高の耐震強度を考慮して建設されたものです。周辺を取り巻く超高層ビルも、コンピューターを駆使した振動解析が行われるなど細心の構造設計により、構造審議会で十分検討された上で建設されたものです。仮に阪神大震災程度の直下型地震があったとしても大丈夫です。家具の倒壊、軽量壁への亀裂は出るかもしれませんが、破壊に至る被害はありません。新しく建設される首相官邸は、大震災の反省があってさらに頑丈につくられるでしょう。また、中央官衙街、即ち現首都機能周辺は広い空間に満ちています。避難救助のための空地にこと欠きません。

ところで、江戸に幕府を開いた徳川家康は素晴しい先見の明があったと感心するのですが、東京山の手、即ち中央官衙街から山の手台地に向かっての地盤は関東ローム層であり、それはもっとも安定した地盤によって支えられているのです。しかも、断層が見当たりません(図2-5)。那須や富士に近い活火山地域よりはるかに安定した地盤の土地を、幕府の地として選んで江戸をつくり、繁栄させてきたのです。

不吉な想定ですが、東京に直下型の地震が発生したとしましょう。首都東京の災害度をシミュレーションするには「東京のどの場所」の地下に震源があるかということが第一の問題となります。東京都は東西90kmの広い範囲です。都心から90km離れた直下型地震では、都心に至るまでに地震波は減衰して、都心では中震から強震程度の規模のものとなり、首都機能が破壊されるほどの災害は発生しません。また、中央

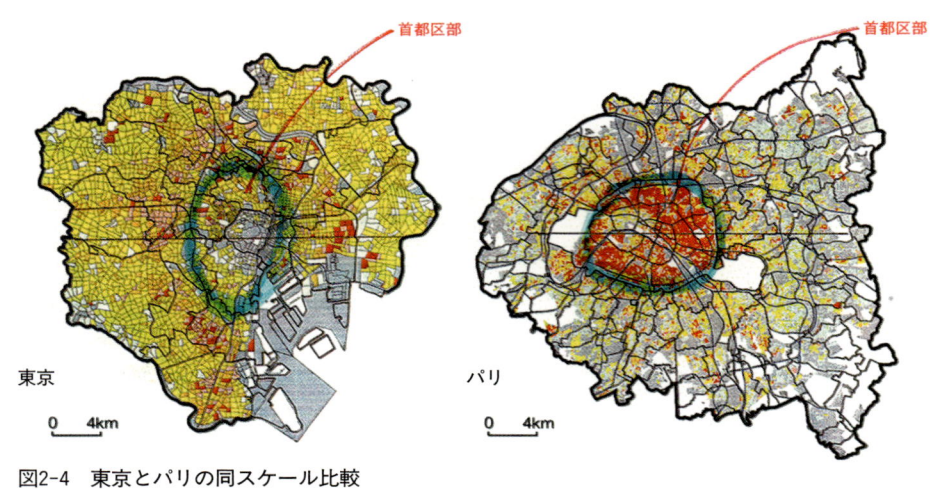

図2-4 東京とパリの同スケール比較

東京都区部(23区)の面積は617km²、人口816万人、パリ市と外周3県を含むパリ中心部の面積は763km²、人口614万人であり、首都としての規模は似ている。その中で首都機能をもつ都心5区(山手線内側)の面積と、パリ市の面積は近似であることが、図から読み取れる。

官衙街の直下で発生したとしても（その確率はきわめて低い），前述のように主要建造物が決定的な破壊的打撃を受けるまでに至りません．むしろその中間領域，東京都区部周辺部で発生した場合の対策を十分に検討しておく必要があります．その場合，被害は出るでしょう（図2-1）．しかし，戦後50年の間に住宅街の木造建築は不燃化されてきました．したがって，一部に火災や倒壊事故が発生することは予想されますが，戦時中の東京のように，また最近の神戸市長田地区と同じように火災が拡がり，都市が焼野原になるような事態には至りません．

さらに対策を考えるとすれば，これから建設される建物に建築基準法に則った耐火構造をもたせ，新耐震基準に則った構造によってどんどん建て直し，新築していくことです．そして公共空間としての都市空間を増やしていくことです．高速道路，港湾施設の補強工事と併せて，新設される施設を新たな都市計画の視野からつくっていくことです．これらは東京都の問題であって，首都（現中央官衙街を中心とする首都機能）の災害問題ではありません．首都機能は周縁部（山手線外側の地域）の災害に対して直ちに出動し，災害対策活動に従事し得るよう整備すべきでしょう．

5. 器を新しくすることが行政改革をうながすという問題

「器を変えれば中身が変わる」という論法には，確かに一面の真理があります．環境が変わると自然に心構えが変わってきます．働く環境を良好なものにすると，働く意欲を起こし能率が上がります．美術館のような美的空間の中では，小学生集団も自然にわきまえた態度をとるようになります．建築設計の上で，そのような経験は多々あるので，むしろ環境を良くすることは賛成です．建築家の職能はそのことを目的としているといっても過言ではありません．

政治家や官僚の働く公共建築の1人当たりのスペースをゆったりとって，書類に埋もれるような乱雑をなくし，ゆっくり考えられる環境をつくったら，日本の政治・行政はもっと良くなります．日本人の振舞いと行動がゆとりをもつようになれば，さらに責任をもった行動をとるようになるでしょう．とくに政治家，官僚のもつべきノーブレスオブリージ（指導者の責任）を明

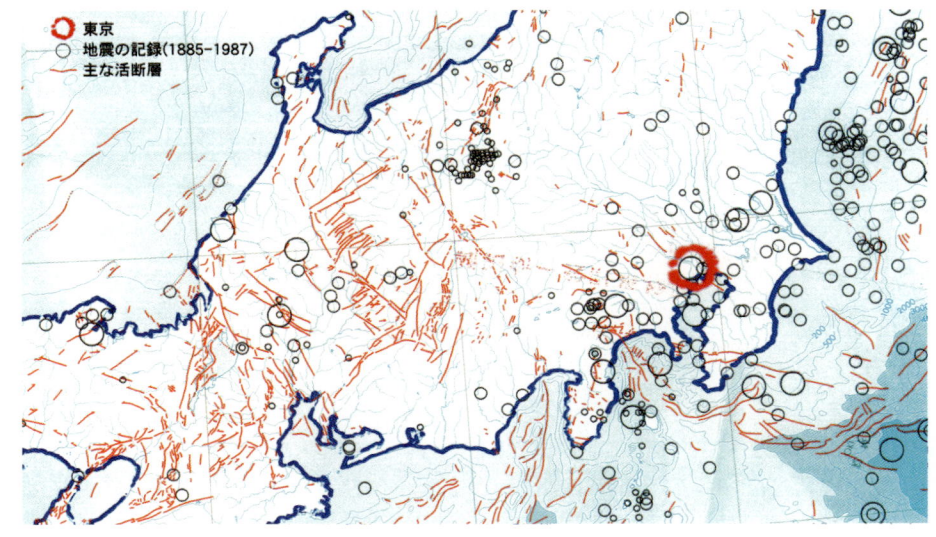

日本の活断層分布図をみると，火山帯に沿って活断層が多いことが分かる．関東平野は比較的活断層は少なく，とくに東北部にかけて少なくなっている．東京の山の手は関東ローム丘陵地帯であって，活断層はみられない．

図2-5　日本の活断層分布

瞭に自覚することになるでしょう．汚職の減少にもつながり，モラルハザードを避けることもできます．

しかし，はたして首都移転によって器を変えることが，そのような期待を実現してくれるでしょうか．財政が圧縮される状況の中で，効果を現すに十分な建築空間とその質が，新首都の執務室や住居にあてられることになるでしょうか．とくに移転の目的となる「中身を変える」という中身の意味は，行政改革の実行ということになりましょう．本来，行政改革と器(建物)とはまったく別の問題です．優れた建築空間が人の心理に与える影響としての前述のような相関関係は，行革と建物の間にはまったく存在しません．行革は組織を変えることです．それは器とは関係なく断行されなければなりません．既得権益を手離すまいとする傾向，縦割組織のしがらみの強さ，それらは，小さな政府へ移行するための人員整理を目的とする根本的改革を実行する上で，はなはだ強い障害となっています．現に省庁再編によって省庁数が半分になっても人数は変わりません．一省庁に関してはむしろ，巨大化したのみで行革にはなっていません．こ

れが移転によって変わるでしょうか？ 中身を変える行革の勇断こそ求められますが，他力本願で達成されるものとは考えられません．建物は，行革が断行され新しい組織の姿がみえてから，それに合わせてつくられるべきです．

改革は難しい．だからといって器に責任をかぶせるわけにはいきません．改革をやり遂げるには自らを截る断行があるのみです．

6.「人心一新を計るために……」首都移転を計画するという問題

確かに，平城京から平安京への遷都(794年)は，人心を一新して新たな統治をしようという桓武天皇の勅旨があったからにほかなりませんが，その裏には骨肉が争う皇位継承の陰謀がありました．また，平清盛による福原京への遷都(1180年)は失敗しています．鎌倉，室町，江戸と幕府は拠を変え，支配の中心を移してきました．これらは政変という革命によって，政治の中心が支配者の拠点に移されたということです．

平安の頃と平成の現代との民度はまったく異なります．国民の教育の普及と質は格段の違いがあり，遷都を「人心一新」の具とする時代では

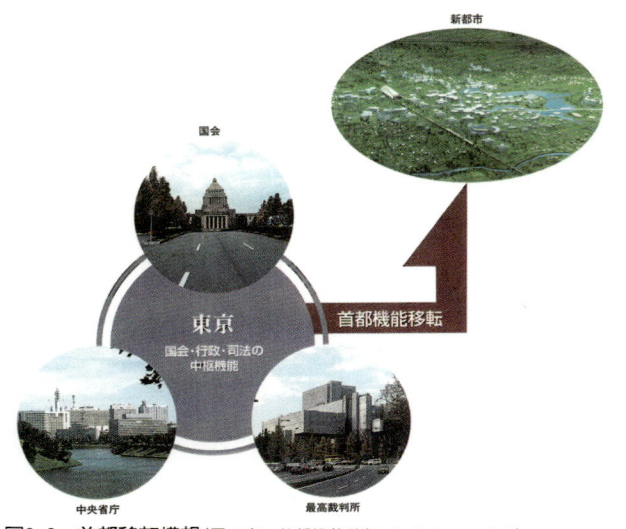

図2-6 首都移転構想(国土庁・首都機能移転パンフレットより)

国会議事堂，最高裁判所，中央官衙街の姿がいかに立派なものであるか，矢印はむしろ逆方向を向くべきであると思われる．

なくなっています．むしろ，国民の自覚によって投票率を上げ，真に日本の将来を担う責任と行動力をもつ人達を，国民の代表として選び出すという人心教育こそなされるべきでしょう．平清盛が福原へ都を移そうとした時代に生きた鴨長明は，『方丈記』(1212年)の中で5つの大災害を取り上げています．

1. 火災　2. 旋風　3. 遷都
4. 飢饉／早魃，颱風，疫病，盗賊　5. 地震

第3の項でみられるように，遷都は庶民(国民)にとって災害であると断じています．

7. 移転のために14兆円を投入，14兆が130兆になるというコストの問題

現在，試算されている首都機能移転のコストは，14兆円と見積もられています．この金額の中には用地買収を見込んでいません．国有地を手当てし，不足分は国費をあてるとしているのですが，首都を創るほどの広大な国有地がある場所は，全国を探しても見出すことはできません．周辺の民有地を購入しなければ土地の手当はできないことになります．地価は沈静化しつつあるとはいえ，首都用地の買収に入れば，周辺地価は直ちに高騰します．地価沈静が逆行することは目にみえています．

また，コストの不足分を補塡する移転跡地の売却が，経済低迷の現在，可能でしょうか．世界でももっとも美しく良好な環境をもつ現在の中央官衙街を，月並な市街地へ再開発するという馬鹿げた都市計画を実行しようとするのでしょうか．現在の中央官衙街の景観が，日本の首都のシンボルとしてどれだけ日本人の心に住みついているか，そして支えとなっているか，そのことは機能だけで計ることのできない深い社会的意義となっていることを考慮すべきです．高密な市街地として中央官衙街が再開発されるならば，それこそ人心に対して好ましくない影響，即ち国民の気概を損い，一億利に走るというような影響を与えるでしょう．

繰り返しますが，皇居周辺から中央官衙街へかけての環境は，世界遺産に相応しい，歴史的美的価値に恵まれています．このような文化を経済や業務に使うために破壊することは許されるべきことではありません．

図は国土庁によってつくられた移転新首都のマスタープランで，キャンベラを模したものだが，現段階ではまだ移転先の土地も決まらず，とりあえず作成したという趣がある．
各国の首都建設の歴史(第3章)をみれば分かることだが，新首都を建設するに当たっては，コンペによってマスタープランを求め，さらに具体的な計画に際しては，その都度何段階かにわたってコンペ等を積み重ね，都市デザインに関して慎重な手続きと創意を加え実現を計っている．
首都のもつスケール，都市プランタイプ，街区の構成等について，もし首都移転を行うとすれば，膨大な作業に多数の専門家が参加すべきであろう．

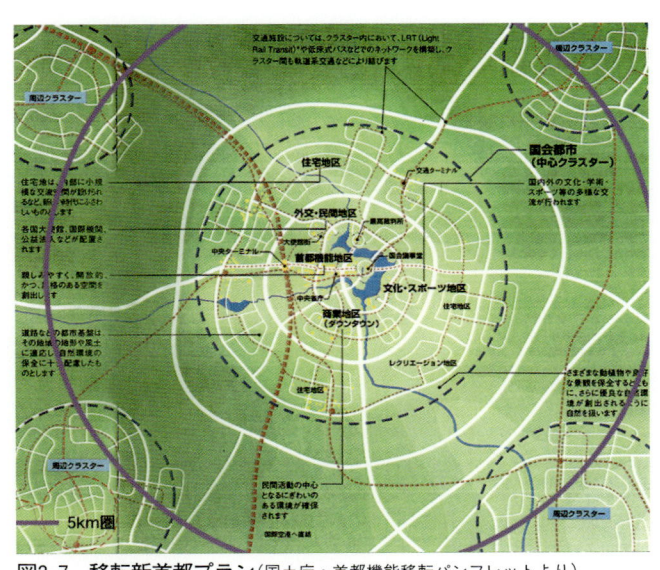

図2-7　移転新首都プラン（国土庁・首都機能移転パンフレットより）

14兆円は，多少の都市インフラと，国会をはじめとする建物建設のコストです．新首都へのアクセス(道路，鉄道など大量交通機関)は概算から外されています．それらは一説に100兆円かかるといわれています．多くの場合，初期予算が実行に移され，実現をみるまでにはコストは倍にふくらみます．

そのような前例からみますと，首都移転は130兆円のプロジェクトと考えなければなりません．それだけの膨大なコストを単に首都機能移転のみに使ってよいのでしょうか．もっと他に優れた使い方があるのではないか，十分に検討されるべき問題です．

8. 時間の幻想

国会の首都移転計画のスケジュールでは，1999年末までに移転候補地を１カ所に絞り，次に東京都との比較考量を行った上で，最終決定を行うという予定が組まれています．

この重要な比較考量がどのような基準で行われるか，気になるところです．移転論が描く新首都は，国会を中心にそれをサポートする行政が周囲を取り巻き，さらにそれを業務，居住区が取り巻くという同心円状の都市プランを発表しています(図2-7)．また，樹々の緑に恵まれた空間の中に高層建築の立ち並ぶ美しい都市――それはル・コルビュジエの"輝ける都市"(1938年)(図2-8)を踏襲するものとしてイメージされています．まだ，創られていない新首都の姿がイメージされているわけです．

新都市の骨格(マスタープラン)はまだ創られていません．したがって，そこに描かれるイメージは，人々の想像の範囲でどのようにも描けるわけですから，それが比較考量の基準として対象になるとは考えられません．理想的な姿を描いたからといって，それがいつ完成するのか，また，理想は現実によって歪められるゆえに，本当にそれが比較考量の対象になる都市像として使えるものか，想像するのも困難です．

筑波研究学園都市のような新都市も，着手以来40年近く[*1]を経て，まだ建設途上にある事例からも分かるように，首都という大きな機能をかかえる都市がそれらしい形を整えるのは何年かかるのか，海外の事例からみても，少なくとも100年以上の歳月は必要とされるはずです．

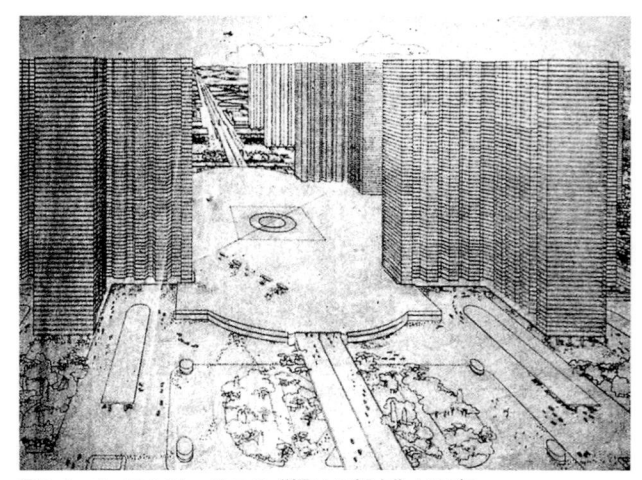

図2-8 ル・コルビュジエの"輝ける都市"1938年

ル・コルビュジエは，1920年代から30年代にかけて"輝ける都市"の構想を発表した．これまでの，平面的に拡がった都市の住宅を集約し高層化することによって，住人の間に共同意識が生まれること，そして高層化によってもたらされるオープンスペースには太陽が降り注ぎ，緑豊かな公園緑地を人々のものとして獲得することができる，という集住体の発想である．この構想の実現には，マルセイユのユニテ・ダビタシオンが起工される1947年まで待たなければならなかった．

その後，レゼ(1953年起工)，ブリエ・アン・フォレ(1958年)，フィルミニー(1964年)の３棟の"輝ける都市"(シテ・ラデューズ)が建てられた．ユニテは大都市の近郊に建てられているため，都市施設を地域と共有するなど都市集住体として成功したが，他の３棟は小都市の郊外にあり，コミュニティから隔絶され，現在は廃虚に近い状態で孤立して，市民の評判は芳しくない．

＊参考文献：「四つのあほう住宅」フランソワ・シャラン/『建築文化』1996年10月号　P156～

さまざまなイメージをつくり得る．そして，長期にわたる時間のファクターのからむ首都建設の比較考量は慎重でなければなりません．

一方，再三述べてきたように，東京は美しく整備された首都機能をすでにもっています．しっかり設備された三権の建物，皇居，その間を埋める美しい濠，それらは世界遺産に指定されるべき景観を備えています．

比較考量は，東京のこの現実と，新首都の，いつ完成するとも保証されないイメージとの間でなされるのでしょうか？ それは「時間の幻想」であり，真剣な比較の方法でないことは明らかです．時の幻想を避けて，現実の（着実な）比較を行うには「時を区切る」ことであると考えます．2000年時の比較考量，2100年時の，2200年時の……というように年代を切って比較考量すべきでしょう．東京もまた，それらの時代を経て改造が進められていきます．移転論が指弾する諸問題がどのように改善されていくかということが，東京側の比較考量の対象項目となりましょう．

比較考量は予見と洞察をもった英断によるものでなければなりません．

9. 首都移転論から国土再生計画へ

以上で，8つの大きな問題点を論じましたが，首都移転論が掲げているすべての問題が，いかに根拠が希薄であるか明瞭です．おのおのの問題をそのまま実行できたとしても，その先に光明が見えてきません．それは，首都のあるべき姿を明確にとらえず，観念として首都移転を考えているからなのです．

ビジョンとイメージをもたずに，首都という，日本にとってもっとも重要な都市を創ることはできません．どのようにあがいても，努力しても，着手しても，優れた首都の姿を立ち上げることは不可能なのです．結論からいえば，首都移転は不可能な暴挙です．

首都移転論が移転の動機として掲げる諸問題は，すべて**負の動機**というべきでしょう．それらの中でまともに論じられるのは，第一の問題としている東京への一極集中の問題です．まずは一極集中の功罪が論じられ，その上に是正の方法が検討されなければなりません．そのためには，集中したものを間引いて地方へ移す（例，首都移転），または誤った集中を秩序ある集中に是

2-3 **ユニテ・ダビタション　マルセイユ**(1977)
　　設計　ル・コルビュジエ(1947年)．

2-4

2-5

正する——という方法があります．

しかし，その前に一極集中の功罪が論じられなければなりません．そのためには膨大な論証が必要となりますが，おおよその傾向は掴むことができます．大計を論じるには，細部の積上げをもってするよりも，洞察をもって大きな傾向を把握することがもっとも重要です．

第2次世界大戦後の疲弊から日本が今日のように立ち直り，繁栄したのは，政治，行政，経済，産業，教育，文化等社会全般にわたる全国的な活動によるものでしたが，その結果が東京一極集中に現れていると考えられます．日本の経済が活性化する過程で，東京は必ずしも落ち着いた生活を過ごすことのできる都市環境ではありませんでしたが，一方で経済的，社会的活動を行い，勉学や研究活動をする魅力があり，また，東京へ行けば何とか働く場所が見つかるという希望をもてるからこそ，多くの人々が地方から東京へ移り住んできたのではなかったでしょうか．東京は雇用を吸収し得る活力ある都市でした．その活力が日本の活性を支えてきました．この活力ある都市を支援することは，21世紀にも必要なことであると確信するのです．

一極集中に対する否定論の第一は，過密に代表されるような都市の生活環境の劣悪さに対するものです．それは一極集中の仕方がまずかったことに原因しています．つまり，一極集中の受け入れ方，即ち都市計画が集中のテンポに合わなかったこと，そして，これは大切なことですが，集中を受け入れる都市計画が描かれなかったことです．いいかえれば，集中が発生する以前の都市計画を修正せず，そのまま多くの人口を受け入れたことによる矛盾と圧磔が，現在の東京の姿をつくってしまったのです．

一極集中を是正する最善の方法は，集中の仕方のまずさを改め，新たな都市像のもとに長期にわたるたゆまぬ努力によって修正し，再整備していくことです．安易に地方への分散を計るのでは，間引き後に残るカオス的状況は永遠に解消されず，悪しき都市状態として残存し続けるでしょう．そして，東京は崩壊します．

一極集中を否定するもう一つの理由は，東京へ人口が集中するに反比例して，地方の人口が減少し地方経済の停滞を招き，地方都市の疲弊が生じた，ということです．このような危惧に対する最良の対策は，魅力ある地方(都市)を創り，

記事2-1　地方への定着を報じる記事
（日本経済新聞940823）

地方の都市産業を興し，それに従事するためにUターンが活発になることは好ましい．

東京へ出た人々を呼び戻すことではないでしょうか．近頃は，Uターン現象がみられるようになりましたが（記事2-1），地方出身者が故郷へ帰るというのみでなく，都会の人にも魅力ある地方を創り，それらの人々を呼び込むことが正当な地方振興です．東京への集中の芽を摘むというネガティブな対策によるのではなく，東京と地方とが魅力を競うことによって人口のバランスをとるのが最善の方法です．

行政改革の一端として，地方分権が検討されつつあります（1999年地方分権推進法国会可決，2000年より実施）．地方分権によって地方への規制を緩和し，地方の特色に相応しい都市総合計画[*2]（2-6）を実現して魅力ある地方都市を創る事業が，一極集中の東京の諸問題を是正する施策と同時に進められなければなりません．

それは車の両輪のごときものであって，片方を欠いては機能しないのです．そのためにこそ国家財政による補助を行い，また，行政改革の一環として諸官庁の現業部門が国土を保全する役割を担って地方都市へ分散し，地方へ定着していく．それが地方分権です．魅力ある地方が創り出されれば，東京への一極集中に歯止めがかかります．東京のもつポテンシャルを分散したり殺いでしまうという破壊的なブレーキをかけることは，景気回復へ向かって走りはじめる中央と地方の双方に対して制動を加えることになります．いわば，車自体を止めてしまう働きにもなりかねません．

情報革新の時代を迎えて，もはや集中か分散かを論ずる時代ではなく，分散に関してはインターネットの進歩によって，すでに分散が進められていると考えるべきです．1カ所に首都機能を移転するのではなく，多くの地方とネットワークが組まれることによって，東京集中に対する分散化は計られます．それはすでにスタートしているとみるべきでしょう．それが事実として現れるのは，時間の問題です．

*1　1961年「官庁の集団移転について検討，閣議決定」
　　1969年「研究学園都市の建設地を筑波に決定」

*2　都市総合計画：1999年に成立した地方分権法によって，かなりの権限が地方へ移譲される．その推移の中で，地方都市の総合計画の実行権が地方にゆだねられ，定住都市環境がつくられていくことが期待される．
　　事例1：函館西部地区開発（第12章1参照）
　　事例2：CTOプロジェクト『SD』1998年1月号（第12章2参照）

魅力ある地方都市の事例
1976年より2年間にわたって「地方都市の魅力委員会（自治省）」が組織され，小樽，函館，弘前，倉敷，久留米，柳川の都市調査が行われた．函館では港を取り囲む西部地区の魅力調査が行われた．その報告書をもとに，元町公園整備，函館山展望台の建替え，金森倉庫の再生，日本郵船引込水路および倉庫の再生等の計画が行われ，周辺には報告書に描かれた開発コンセプトに沿って，民間，公共等の建設が総合的に施工され，今日の姿をつくっている．経済の景況にかかわらず，年間の入込み数は500万人を下らず，ほとんど人影のなかった20年前に比べると隔世の感がある（第12章1参照）．

2-6　函館（1999）　総合的に開発されつつあるウォーターフロント．

第3章 首都はどうつくられてきたか

図3-1-1 ブラジリア(連邦区)の位置
1. サルヴァドール旧首都
2. リオデジャネイロ旧首都
3. ブラジリア新首都

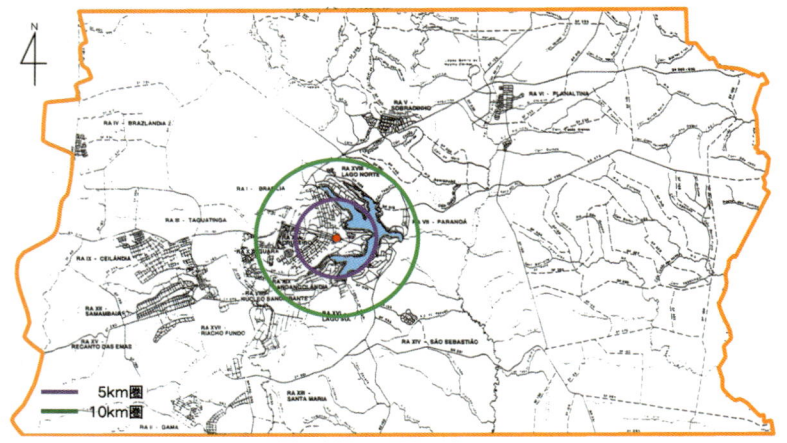

図3-1-2 ブラジリア首都圏

首都移転に関して，諸外国の首都の調査が国土庁によって行われました(1994～95年)．それらがどのように理解され，首都移転問題に活用されているか，現在の首都移転計画をみる限り「他山の石」となっているとは思われません．はなはだ心許ない限りなのです．
とくに，良きにつけ(移転派)，悪しきにつけ(移転反対派)，話題になるブラジリアの首都建設の状況からみてみましょう．

1. ブラジリア

ブラジリアのプラーノ・ピロットの華々しい国家的建築群(3-1-1～6)が姿を現したときには，ブラジルの奥地，ジャングルの中に突然新首都が現れたかのように思われたのだが，実はそこに至る長い道のりがあった．
ブラジルが独立する以前，ポルトガル領であった頃，すでに内陸部に首都を建設しようという動きがあった．
ブラジルでは，ポルトガル領の頃から，海からのアクセスの容易な海岸部に人々は住みつき，大西洋岸に沿って都市がつくられていった．その中で最大の都市がリオデジャネイロであり，ポルトガル領時代にサルヴァドールが首都であった時期を除いて，長らく首都であった．
開発されていく沿岸地帯に対して，ジャングル(原生

図3-1-3 ルシオ・コスタによるマスタープラン

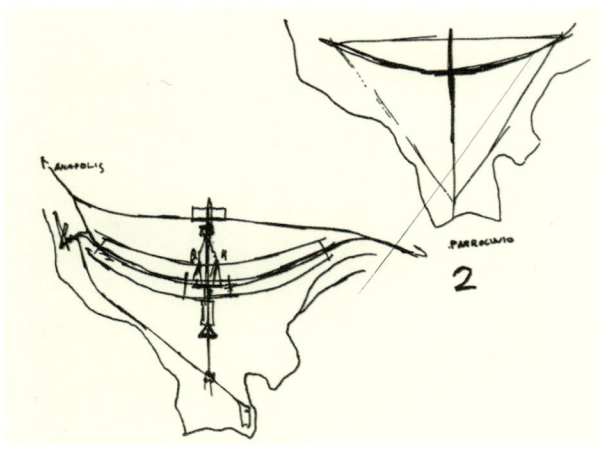
図3-1-4 ルシオ・コスタのイメージ・スケッチ

3-1-1 国会議事堂　プラーノ・ピロットの中心的建物.

3-1-2 カテドラル　プラーノ・ピロットの主要建築はO.ニーマイヤーの設計.

林)に覆われた内陸部は未踏の地であるが，鉱産物が膨大に埋蔵され，また気象条件も良く農産が期待されるなど，ブラジルの宝庫であると目されてきた．内陸に対する開拓は国民の強い念願であり，アメリカにおける西部開拓史にみられるのと同じように，ブラジル開発の憧れの土地であった．当然，内陸宝庫の開発は植民地政策の一つとなっていた(図3-1-1).

1822年，ポルトガルより独立した後の帝政時代にも，地理的中心である内陸部に首都を移すべきであるという議論がなされている．1889年に共和制が発足したが，1891年に公布された憲法では，将来建設されるべき首都は中央高原であると規定している．

1934年に公布された憲法でも，「首都はブラジル中央部に遷される」と規定している．1946年制定の憲法においては首都の中央高原移転検討委員会の設置が決定されている．

戦後になり，1955年には最適地決定のための小委員会で，最適地として2地区を選定，その翌年，クビチェック大統領は首都移転の実施に関する法案を成立させている．

1957年より建設を本格化させると同時に，同年，首都の骨格となるマスタープランのコンペを開催している．1957年3月，26案の応募の中からルシオ・コスタの案が当選し，パイロットプランとして以降の首都建設の主導的役割を担う(図3-1-3, 4).

これと併行して，クビチェック大統領の強権発動によって工事が進められた．多くの労働者が無休で工事に従事し，新連邦首都建設公社(NOVACAP)が主体となって，驚異的な短期間で建設工事を進め，1960年には首都移転を完了している．

このようにブラジリア建設は，植民地時代，帝政時代，共和制時代という政治形態の激しい変動にかかわらず，

図3-1-5　ル・コルビュジエの"輝ける都市——パリ計画1"　1938年

図3-1-6　ル・コルビュジエの"輝ける都市——パリ計画2"

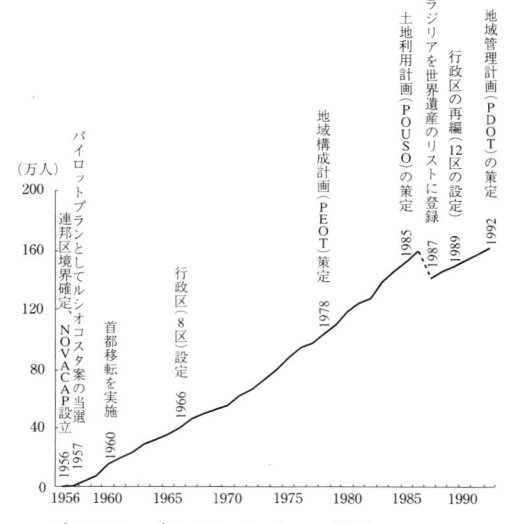

表3-1-1　ブラジリアの人口の推移

一貫して未開地の開発を兼ねて，国土の中心である内陸部に首都を移転するという国民的願望が，100年以上にわたる新首都建設計画を強く支えてきたことに注目すべきであろう．

この国家的気運を背景に，首都移転を強力に推進したのが，クビチェック大統領であった．その専制的強権によって建設が動きはじめたのであるが，パイロットプランが確定された後にわずか3年という歳月で首都建設を終え，移転を成し得たということは，クビチェック大統領の強い指導力があったとはいえ，それに同調したブラジル国民の熱狂的な支持があったからに他ならない．

この状況をブラジルに長く生活し，設計活動に従事していた南条洋雄氏は，「ワールドカップに熱狂し，カーニバルに国をあげて盛り上がるブラジルの国民性に負うところが大きく，首都移転は国民があげて参加する国家的イベントであったろう．」と述べている*1．

ルシオ・コスタの都市計画は，1930年代にル・コルビュジエが提案した"輝ける都市"の系譜を踏むものであった．それは緑の野の中に高層建物が建ち並び，街区をモータリゼーションが結ぶという，古いヨーロッパ都市がもつ閉塞感を解き放つ理想の都市計画であった*2（図3-1-5, 6）．ル・コルビュジエは，パリの地図の上にこの"輝ける都市"の絵を重ね描いているが，既成都市では不可能な理想像が無限の原始林の中に描かれたからこそ，自由の翼をもつ鳥の姿をした都市パターンが出現したのである．しかし，それが完成した1960年代は，すでにポストモダニズム*3の動きが台頭した時期であり，複雑性と人間性に対する回帰が試みられ，歴史的に営為されてきた中世以来の都市像が見直される時期に重なった．"輝ける都市"の啓蒙的役割は終わりつつあったのである．

3-1-3　パンテオン

3-1-4　集合住宅　住区の生活にも潤いが増しつつある.

3-1-5　集合住宅　1階はピロティで開放され,大地の連続性は失ってない.

3-1-6　集合住宅

このような趨勢の中で,ブラジリアの都市計画は批判の矢を浴びることになる.純粋に機能的であり,遊興の場に欠ける新都市に人間性の味わいを求めることができず,首都に働く政府要人達は,週末にはリオデジャネイロの邸宅に帰り,週明けに新首都に戻るという生活が繰り返されたために,ブラジリアは仮の都市でしかないという批判が浴びせられた.にもかかわらず,ブラジリアの人口は順調に増加し,初期目標(表3-1-1)に達しつつある.

広大な国土の中で未開発であった奥地の開発の経済効果など,多くの要因がブラジリアの発展に影響を与えているのであるが,南条洋雄氏によれば,計画された住区の生活にも潤いが増し,定住環境がつくられつつあるということである.しかし,歩行者による都市生活を否定した車交通に頼る都市計画に対しては,時代遅れの感をまぬがれない.

だが,それらの毀誉褒貶を超えて,都市建設の歴史的経緯,ル・コルビュジエの理論の実現,ルシオ・コスタの都市計画,オスカー・ニーマイヤーによる建築のデザインに対して,1987年,中心地区プラーノ・ピロットは,世界遺産に登録された.建設後40年を経て,なお人口は増えつつある.

*1　「ブラジリア」『季刊大林』No.44,1998年
*2　『L.C.作品集』1934〜1938年
*3　ポストモダニズム:機能とシンプルな形態とを重視したモダニズムに対して,複雑性と環境への対応を重視した建築傾向.R.ヴェンチューリの『複合と対立』(1966年)に触発されている.後期ポストモダニズムは,歴史的形態要素を取り込んだ複雑な建築形態を特色としている.

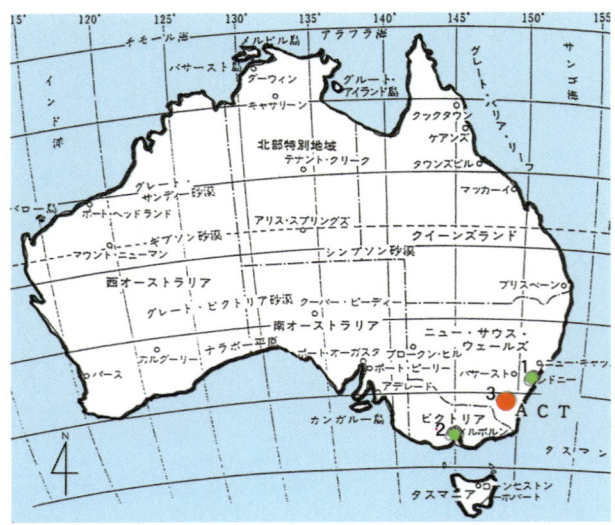

図3-2-1 オーストラリア首都特別地域(ACT)の位置

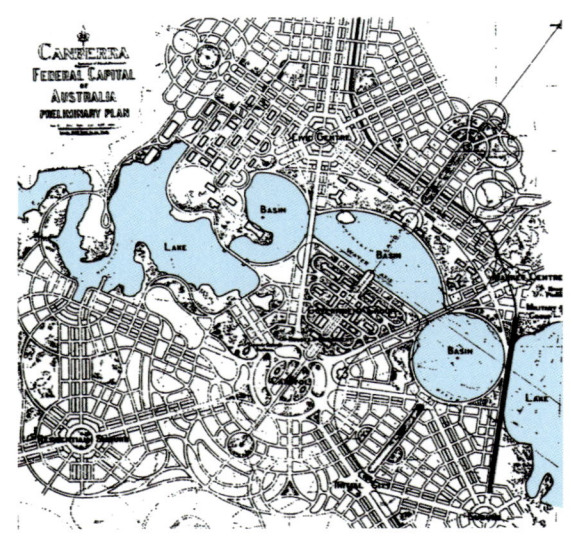

図3-2-2 グリフィンの首都計画 1911年

3-2-1 **国会議事堂** 設計 ミッチェル／ジョゴラ&ソープ(1988年).
屋上を緑化した丘のようなデザイン．キャンベラの中心的建物．

2. キャンベラ

オーストラリアは19世紀，6つの州からなるイギリスの植民地であったが，これらの植民地が統合されて，オーストラリア連邦が成立したのは1901年のことである．1850年代のゴールドラッシュ以来，ヨーロッパ人の入植が増大し急激に人口が増大したため，統治の必要が生じてきたことがその背景にある．

当時，ニューサウスウェールズの州都シドニーとヴィクトリアの州都メルボルンに人口が集中していたが，新首都建設に関しては両市が譲らず，その中間に位置付けることが1900年に制定された連邦憲法に明記された．「面積100平方マイル(約260km²)以上，シドニーから100マイル(160km)以上離れたニューサウスウェールズ州内に新首都を設ける」という条項である．

それを受けて，1908年に新首都の位置が確定し，連邦政府は首都圏領域(ACT)[*1]として約2,400km²の土地を入手した．1911年には人口25,000人を前提として首都計画のコンペが開催され，アメリカ人のウォルター・バーレー・グリフィンの首都計画案が採用された(図3-2-2)．首都キャンベラ(約40km²)の骨格となる都市計画が描かれたわけである．それから首都が完成するまでには，80年に及ぶ長い年月がかかっている．

当時，グリフィンは政府に招かれ，首都建設に尽力したが，多くの障害があり，建設は遅々として進まなかった．そこで，1921年に首都建設諮問委員会が組織され，次いで1924年，さらに強力な権限と十分な財源をもつ首都委員会が設立されて，はじめて首都建設が軌道に乗った．委員会はまず国会や主要な行政機関を移転させることを最優先し，記念碑的建築物や人造湖の建設は長期的視野で整備することを決定した．1927年

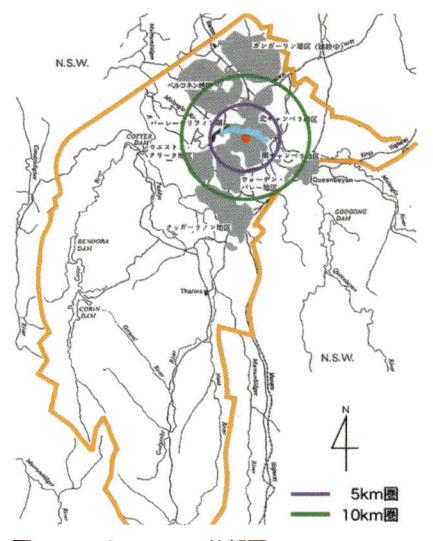
図3-2-3 キャンベラ首都圏

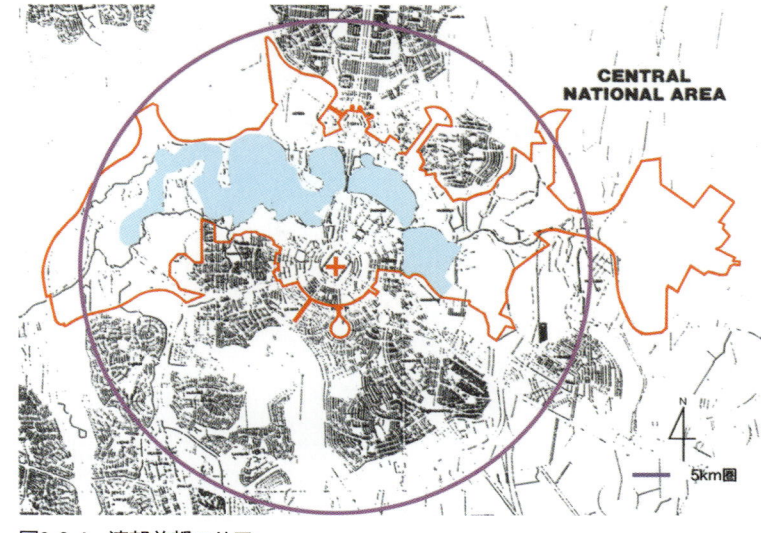
図3-2-4 連邦首都エリア

3-2-2 国会議事堂

3-2-3

には小規模で暫定的な国会議事堂が完成し、国会が開催された。この年をもってキャンベラが首都となったといえるのだが、新しい国会議事堂が完成したのは、それから60年後の1988年(建国200年事業)である。
新しい国会議事堂の建設に当たっては国際コンペが行われ、アメリカの建築家、ミッチェル／ジョゴラ＆ソープの案が最優秀として採用され、屋上植栽によって小さな丘のような表現をもつ独特なデザインの新国会議事堂が建設された(3-2-1, 2, 3)。この長い期間の首都建設の停滞は、1929年の大恐慌、第2次世界大戦、事業推進主体内部の軋轢、国民的無関心等によるものであった。1957年になるとメンジス首相の下で連邦首都開発委員会(NCPC)*2 が組織され、高度な専門家集団を傘下に納めて首都建設を実行した。このことによって、グリフィン湖をはじめとして大蔵省、国立図書館、美術館、最高裁判所(いずれもコンペによって選ばれている)等の主要な施設が相次いで完成し、首都の形態を整えていった。

都市人口も1957年に38,000人であったものが、1985年には25万人に急成長した。このような人口の急増に対して首都開発委員会は、人口密度(住戸密度)の低い分散居住方式を平面的に拡張していく方法を採用した。グリフィンの設計根拠であった田園都市の構想を追随したのである。しかし、この低密度拡張方式は1980年代になって、広大なオープンスペース(田園スペース)の維持に費用がかさむこと、都市サービスの提供に対する非効率性、人口構成の高齢化等の問題が意識されるに従って批判が強くなり、田園都市を拡張していくのではなく、既存市街地を高密度化する方策に切り換えられている(図3-2-6, 表3-2-1)。
1989年には、それまで連邦政府の直轄であった連邦首都圏(ACT)を自治体とする制度変更を行っている。

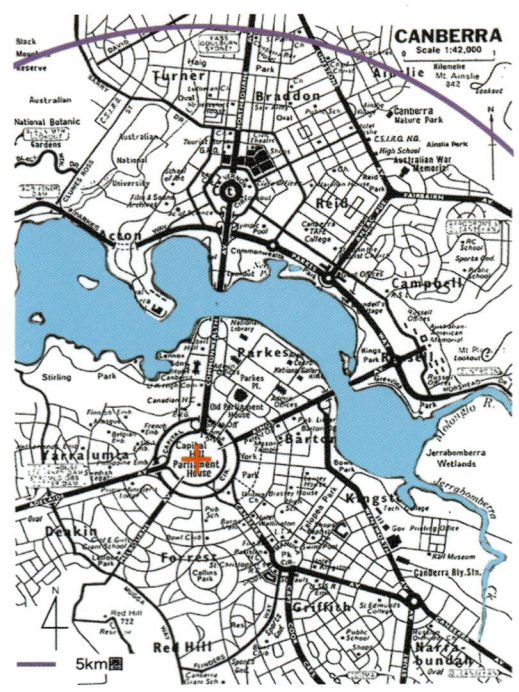

図3-2-5 キャンベラ地区主要部

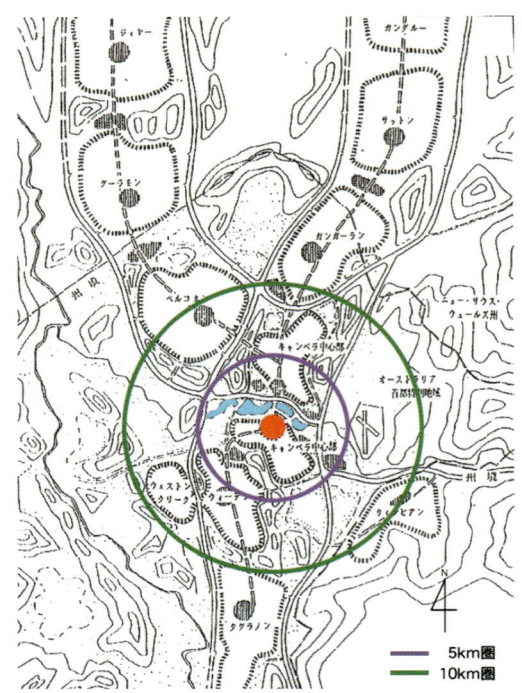

図3-2-6 Yプラン

クラスター名		人口(人)	概算面積(km²)	人口密度
セントラル・キャンベラ地区	[Central Canberra]	62,000	40	1,550
ベルコネン地区	[Belconnen]	89,000	35	2,543
ウォーデン・バレー地区	[Woden Valley]	34,000	23	1,478
ウエストン・クリーク地区	[Weston Creek]	28,000	13	2,154
タッガーラノン地区	[Tuggeranong]	69,000	33	2,090
ガンガーリン地区	[Gungahlin]	—	—	
(参考)多摩ニュータウン(計画)		300,000	30	10,000

表3-2-1 クラスターの人口密度

これに伴ってNCDC*3は解散し，NCPC並みにACT自治政府が組織され，都市の整備運営が続けられている*4．

現在，オーストラリアの人口1,730万人(1991年)のうちの40％がシドニー，メルボルン両市に住み(シドニーに約360万人，メルボルンに約300万人：1992年)，キャンベラの人口は急成長をみせているものの30万人弱である(表3-2-1)．

19世紀のゴールドラッシュ期以来，海岸線の都市が商業に開かれた都市として発達してきたのに対して，両都市から離れたキャンベラは政治都市として商業的活動から分離する政策がとられている．それを反映して，キャンベラに直接乗り入れる国際航空便はなく，シドニーまたはメルボルンで乗り継いでキャンベラに入るルートをとることになる．つまり，現状ではキャンベラに国際空港は設けられていない*5．

*1　ACT：Austrarian Capital Territory
*2　NCPC：National Capital Planning Commission
*3　NCDC：National Capital Development Commission
*4　参考文献：
『オーストラリアにおける新首都建設に関する報告書』国会等移転調査会／オーストラリア調査団／1994年
「オーストラリアにおける首都機能移転」野辺政雄(岡山大学教育学部助教授)／『首都機能移転，一緒に考えよう21世紀の日本』国土庁大都市圏整備局編／平成9年(1997年)
*5　「世界都市東京の視点が必要」猪口邦子(上智大学教授)／『首都機能移転問題／私はこう考えます』東京都専門委員会の講演記録／1998年

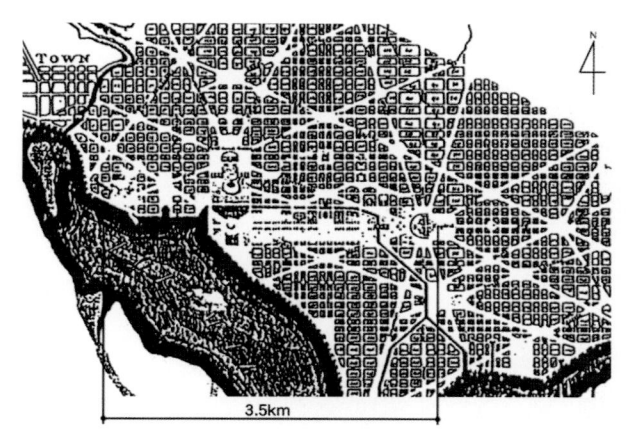

図3-3-1 ランファンによる計画 1800年

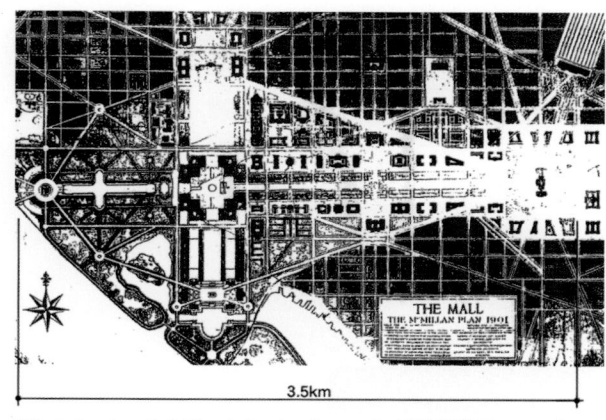

図3-3-2 J.マクミランとR.バーナムによる改造計画 1901年

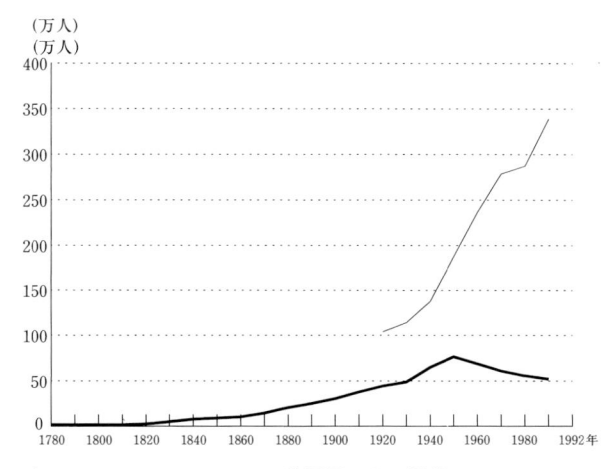

表3-3-1 ワシントンD.C.の首都圏の人口推移

3. ワシントンD.C.

1776年のアメリカ独立宣言の後，1789年に第1回合衆国議会がニューヨークで開催され，初代大統領ワシントンが就任した．アメリカの建国である．そして，暫定首都がフィラデルフィアに置かれた．1791年には首都建設地の選定が行われ，当時，激しい対立を生んでいた北部と南部の妥協を可能とする中間の位置，即ち現在のワシントンD.C.に首都の建設が決定した．10マイル四方(ただし，南はポトマック河畔まで)をディストリクト・オブ・コロンビアとして，ランファンが都市計画を描いた(図3-3-1)．

この計画図に基づいてホワイトハウスおよび国会議事堂の一部が竣工し，1800年に遷都を行っている．

南北戦争(1860～65年)を経て国家が安定すると，首都ワシントンの人口も増え，都市計画上の大幅な見直しが求められるようになった．

1901年に，J.マクミランを委員長とする首都ワシントンD.C.改造計画であるマクミラン計画が，遷都100年を記念する事業として発足する．首都を国家の威厳にふさわしく均衡のとれた都市にするという「都市美の哲学」*1に支えられたものであった(図3-3-2)．都市計画を主導したのはR.バーナムであるが，同じバーナムが設計したユニオンステーションの建設経緯をみると，モールの整備の内容と現在にまで受け継がれる都市の哲学が理解できる．

マクミラン委員会は，1791年に計画されたランファンによるワシントン都市計画をさらに発展させ，補強する計画を描いた．計画委員長であったD.H.バーナムは，国会議事堂の建つキャピトルヒルからワシントン・モニュメントに至るコンスティテューションモー

第3章 首都はどうつくられてきたか〈ワシントン〉 *35*

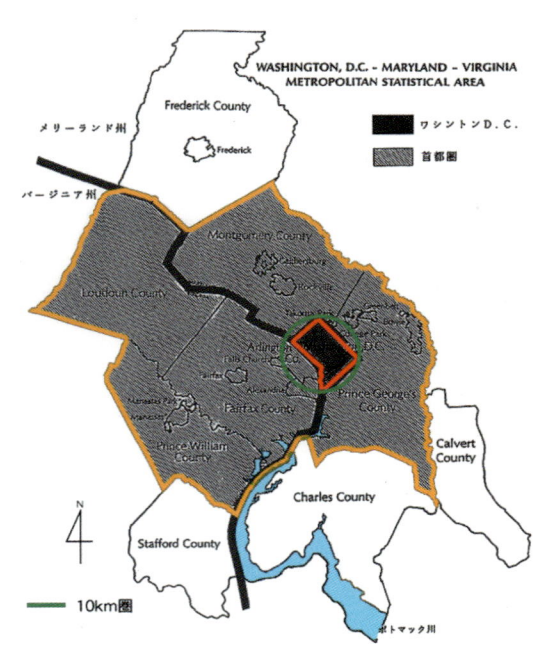

図3-3-3　ワシントン連邦区におけるD.C.の位置・範囲

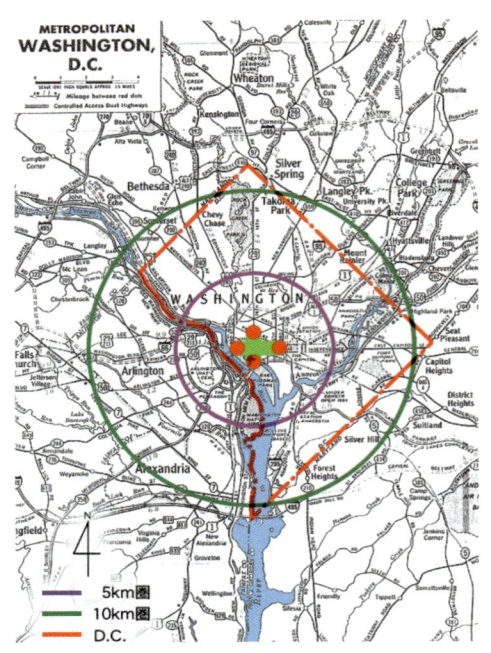

図3-3-4　ワシントン連邦区D.C.

3-3-1　ザ・モール（1978）
国会議事堂とリンカーンメモリアルを極とする東西3.5km, 幅0.5kmのモニュメンタルな首都空間.

3-3-2　リンカーンメモリアル（1964）

3-3-3　ワシントンメモリアル（1964）
モールの中心にあるモニュメント, その中心を通る南北軸の極としてホワイトハウスとジェファーソン・メモリアルがある.

ルを, 美しく整然たる姿に整えることを第一の目標に置き, 首都としての公共的空間をデザインした. それに関わる重要な計画として, ワシントン・モニュメント近くまで引き込まれていた鉄道を国会議事堂の北東裏に移し, そこに終着駅を配置したのである.

1903年, バーナムは改めてユニオンステーションの設計者として選ばれる. 駅は首都の玄関口として, 世界の注目を集めるモニュメントとしての性格を与えられるべきものであった. 当時, この地区は泥濘地であって, 大規模な公共施設を建てるのに適した土地ではなかったが, 首都建設の戦略として, 地盤条件を超えて国会議事堂裏の地が選ばれたのである. 建設をはじめるに当たり貨車3万台相当の埋立材を投入して地盤改良を行っている. このようにして, ユニオンステーションは, 首都ワシントンに華々しい表玄関としての顔を与えたのである. と同時に, その花崗岩を用いた古典的様式は, 続いて建設される最高裁判所, ナショナルギャラリーなど国家施設の範とされた（3-3-7, 8）.

二つの大戦を挟む50年間, ユニオンステーションは国を代表する機能として重要な役割を果たしてきた. 当時, 世界最大の駅舎の中に設えられたプレジデントルームは, 世界各国の国王, 大統領や有名人達を迎える華々しい国際社交の場であり, アメリカの顔としての役割を担ったわけである. しかし, 航空輸送の発達に伴って, ユニオンステーションは衰退の道をたどっていった. 1958年には経営難から売却を含めてさまざまな計画——オフィスコンプレックスとして再開発, 鉄道博物館に改装, ヘリコプターや垂直離陸ジェットを導入する新たな交通拠点等々——が検討された.

1968年には, 駅舎をナショナルビジターセンターにする計画が実行され, 鉄道駅は簡易駅舎に移設され, ユニオンステーションには映画館など多くの集客施設が

1. 国会議事堂
2. ホワイトハウス
3. リンカーン記念堂
4. ジェファーソン記念堂
5. ワシントン記念塔
6. 最高裁判所
7. 国会図書館
8. 国立美術館
9. 自然史博物館
10. 歴史技術博物館
11. スミソニアン博物館
12. フリーアギャラリー
13. 航空宇宙博物館
14. ユニオンステーション
15. ペンシルバニア・アベニュー

図3-3-5　ワシントンモール

アメリカの首都ワシントンの中心は，モール(The Mall)である．全長約3.5km，幅0.5kmのオープンスペースで，国会議事堂，最高裁判所，ホワイトハウスの国家三権を代表する建物がモールを取り囲んでいる．モールの中に建てられているのは，ナショナル・ギャラリー(国立美術館)，スミソニアン博物館他いくつかの博物館のみである．

設置されたが，十分な集客を得られず，1978年に閉鎖された．ユニオンステーションの受難の時代が続くわけである．使われなくなった建物の損傷は加速され，ついには取壊しまでが話題にのぼるようになった．1981年に，エリザベス・ドール運輸長官の起案で「ユニオンステーション再開発法」が発令され，復興再生を主眼とする商業開発を目標としてコンペティションが行われた．建設主体として，政府，ユニオンステーション会社，民間開発会社を構成員とする官民協同の企業体(パートナーシップ)が選ばれた．

このチームの中で，デザインを担当する建築家の責務をベンジャミン・トンプソン(ボストン)が担った．ユニオンステーションは見事な再生を遂げるのだが，そこでの建築家B.トンプソンの役割は大きい．

企業体への条件は，ユニオンステーション駅舎のもつ偉大性を損わず商業スペースを開発することで，総工事費160ミリオンドル．ユニオンステーションは，復興を遂げて過去の栄光を取り戻したわけである．

再生復興前はスラムであり，旅行者が足を踏み入れない地区であった．ユニオンステーションの周辺地区は，社会・経済の状況によって白人と黒人の居住比率に多少の変動がみられたとはいえ，一般市民は足早に鉄道を利用し，駅舎を去っていくという使われ方をしていた．このようにユニオンステーション周辺の地区は芳しからぬ評価の地であったが，1988年，再生が完成した後には様相が一変した．ユニオンステーション周辺には白人の居住が増え，都市としての豊かなアーバニティが戻ってきた．ユニオンステーションには多くの市民が訪れ，若者やビジネスマン達が駅周辺のカフェテラスに集まり，都市の賑わいを取り戻しつつある．さらに，クリントンの就任祝賀大会がユニオンステーションで開催されるなど，国家的行事の場ともなり，

3-3-4 ホワイトハウス（1964）

3-3-5 最高裁判所（1970）

3-3-6 ナショナルギャラリー東棟（1978）
設計　I.M.ペイ.

3-3-9 ペンシルベニア・アベニュー（1964）
ホワイトハウスと国会とを斜めに結ぶ記念的な街路．衛兵に導かれたケネディの柩は，この道を行進して国会のロトンダに安置された．

3-3-7 ユニオンステーション（1978）
設計　D.バーナム（1908年）．

3-3-8 ユニオンステーション内部（1978）
20世紀初頭に建てられた駅舎の再生が1988年に完成した．

3-3-10 モールとペンシルベニア・アベニュー（1964）

3-3-11 アーリントン墓地（1964）
首都のモールを見下す丘に，国のために命を捧げた人々の憩うアーリントン墓地が配置されている．

往年の栄光を取り戻している．
かつて世界一の偉容を誇ったユニオンステーションが取り壊されることなく今日に再生し，明日に受け継がれていく．しかも，ランファンの都市計画から，それを補強するマクミランの都市計画を経て，国家的施設が都市計画の中に場所を得て定着したのである*2．ユニオンステーションもその場所を移すことなく，また往時のデザインそのままに復元再生され，かつ新しい機能を加えていく．国家的広場であるコンスティテューションモールの一画にあって（たとえ国会議事堂の裏とはいえ）一つの建物が都市に寄与し，首都の存在に寄与していくこと——そのような手法が，建築と都市との間に存在し，優れた都市を創っている様子は羨しい限りである．このような姿勢は，わが国にもっとも欠けているところであり，大いに学ぶべきことである．最近，東京駅の復元が計画されはじめたが，こうした事例に沿うものとして望ましいことである．
ユニオンステーションは建設当初より100年を経て再生され，次の100年へ向けて新しい生命を生きはじめている．アメリカの首都ワシントンがどのように整備され，都市の価値を蓄積していくかを示す事例である．
ワシントンD.C.が都市の様相を色濃く整備していくこのような状況に併せて注目すべきは，首都としての行政形態であろう．首都として，自治体都市とは異なった政治形態をとっている．ワシントンD.C.は，連邦の直轄地として大統領任命の市長によって統治される時代が長く続いた．1973年になってはじめて市長選挙が導入されたが，連邦直轄は変わらない．黒人白人の人口比率を反映して，黒人市長が続いている状況である．

*1　City Beautiful Phylosophy
*2　「ワシントン・ユニオンステーションの再生」岡田新一／『建築保全』No. 122, 1999年11月

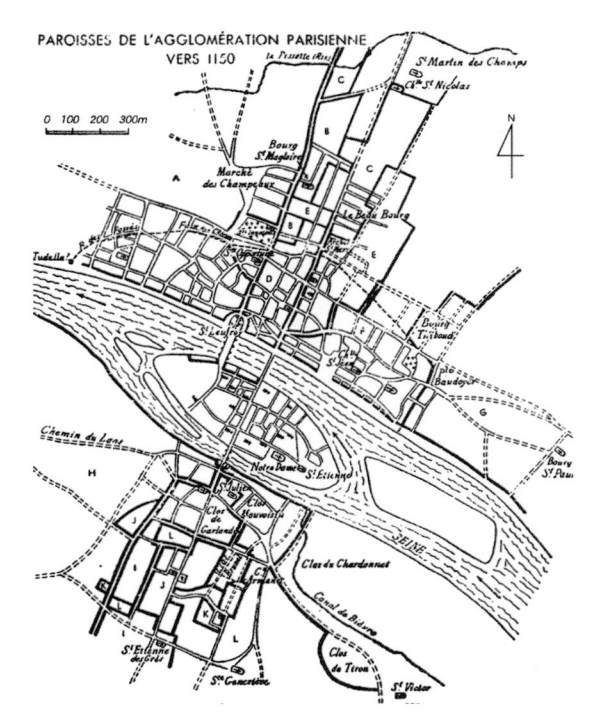

図3-4-1　パリ　1150年頃

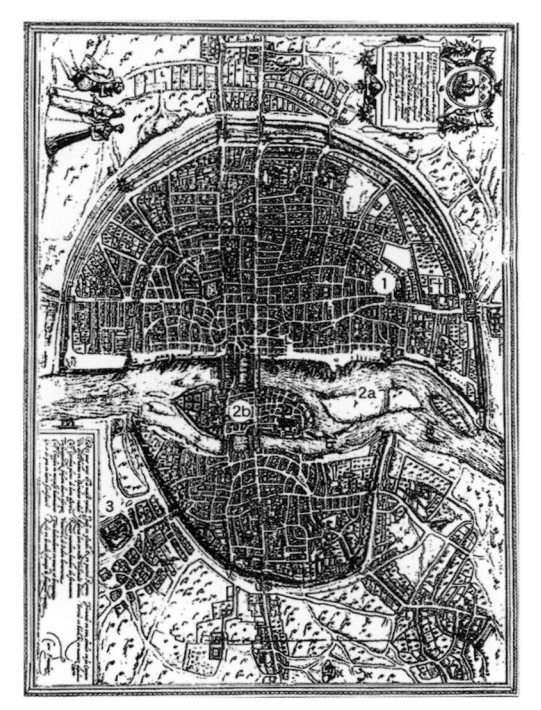

図3-4-2　パリ　1538年
「トロア・ペルソネージュ」の俯瞰図

①フィリップ・オーギュスト時代の市壁（1200年頃）はまだ右岸に残されている．②シテ島の東側のルヴィエ島(a)とノートル・ダム島(b)は，後に一つにまとめられて，サン・ルイ島となったが，この時代ではまだ未開発である．③サン・ジェルマン・デ・プレ修道院と，④フォーブール・サン・ジェルマンは左下の市壁の外にある．

4. パリ

ナポレオン3世治下の第2帝政時代(1852～70年)に，オースマンのパリ改造計画が実行に移され，今日のパリ市街の骨格が形成された．

フランスは1000年にわたる王家支配下にあって，パリは小さな村(フォーブール)から都市へ姿を変えていった．11世紀にはシテ島が中心で(図3-4-1)，12世紀には二つのフォーブールがひとつの壁(町壁)に囲まれて町になり，新しいフォーブールが次々に生まれて，13世紀には町壁を越えて拡がっていった(図3-4-2)．フォーブールはそもそも商人や職工達の村で，彼らは地域と所属する教会とを発展させて勢力を増大し，発展する都市の支配的勢力となっていった．1163年に着工し，13世紀中頃に完成するノートルダム寺院は，それらブルジョワの野心を完全に満たすものであった．

フランス国王もまた，国の利益が封建領地からのみではなく，これら都市の繁栄と共栄することによってもたらされるものであることを十分認識していた．相互の利益が形に現れたのが市域を囲む石造の都市壁(図3-4-3)である．1200年頃に国王フィリップ・オーギュスト(1180～1223年)によって建設された．

現在の最高裁判所の中にあるサント・シャペル(1243～46年)は，聖王ルイの時代に建設されている．

16世紀末には，ヨーロッパの都市は，国家形成の趨勢に組み込まれていく．フランスにおいてはブルボン王朝が絶対君主制を確立し，それに伴ってパリはフランス王国の首都としての整備が進められる．ルーブル宮はすでに13世紀末の地図に現れ，アンリ4世の下で，ロワイヤル広場，ドーフィーヌ広場，フランス広場，ルイ13世の時代にも橋や道路等の都市計画を実現させ

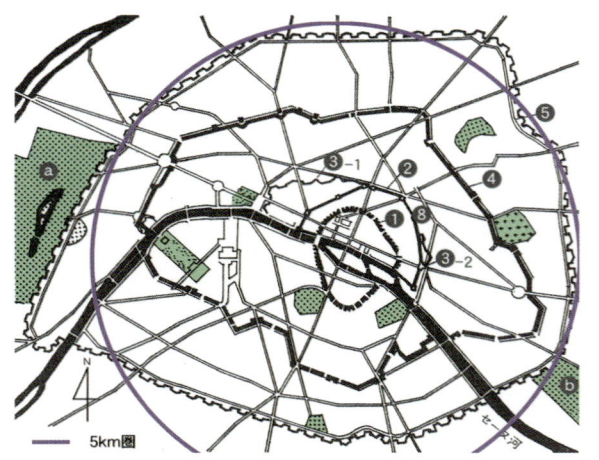

図3-4-3　パリの都市壁

1. フィリップ・オーギュストの城壁(1180〜1210年)
2. シャルル5世の城壁(約1370年)
3-1. シャルル9世よりルイ12世の時代に築かれた城壁
3-2. アンリ2世時代に築かれた城塞、いわゆるバスチーユ
4. フェルミエ・ジェネロ(Fermier Generaux)と呼ばれた都市囲壁(1784〜91年)
5. 城壁(1841〜45年)

a. ブーローニュの森
b. ヴァンセンヌの森

パリは、古い歴史をもつ都市であると同様に、その発展膨張につれて常に城壁をうち破らねばならなかった．

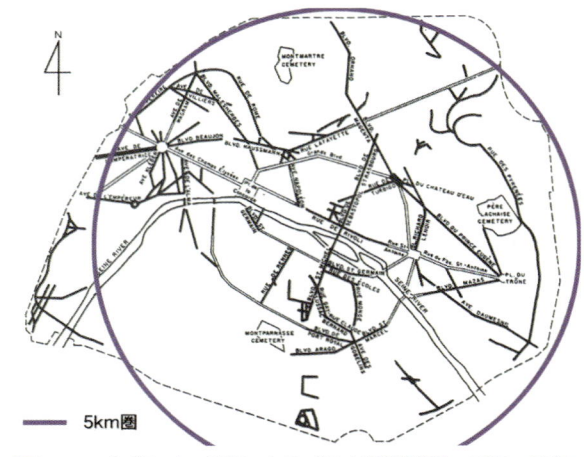

図3-4-4　ナポレオン3世によるパリ市街路計画　1850〜70年

ナポレオンの帝国首都構想

ナポレオン3世時代に、オースマンによってパリの都市整備が行われ、現在のパリの顔が現れたとはいえ、その骨格を形成したのはナポレオン1世(1804年皇帝即位)であった．新ローマ皇帝を自認するナポレオンは、古代都市ローマをモデルに、フランスの首都たるに相応しい骨格をパリに与えた．居所と定めたチェイルリー宮から望むシャンゼリゼ通りの西端、エトワール広場に凱旋門を建設(ナポレオン没後1836年完成)、水利のためのウルク、サンドニ、サンマルタン等の運河の開鑿等、在位15年という短い治世に大規模な都市事業を興している．ナポレオン3世の第2帝政時代に、オースマンの計画によってオペラ座通りに代表されるような幹線街路の整備、そして道路の下には下水道の整備(1869年には560kmに達す)が行われたとはいえ、ナポレオン1世によって、現在に受け継がれている花の都パリの基本的な姿がつくられた．

＊参考文献：『パリ，歴史の風景』饗庭孝男編／山川出版

ている．この間にルーブル宮は繰り返し改造と増築を重ねていたが、ルイ14世からルイ15世の時代にかけて一応の完成をみた．

太陽王ルイ14世(1643〜1715年)の時代にシャンゼリゼとエトワール広場が、また、ルイ15世(1715〜74年)の時代にはコンコルド広場が完成し、現在のパリの都市スケールを決定する都市軸がつくられた．この広場はフランス革命(1789年)の折には「革命広場」と名を変え、ルイ16世(1774〜92年)、マリー・アントワネットをはじめ多くの人々を処刑する場となった．

フランス革命後、ナポレオン1世(1804〜14年)は凱旋門(1806〜36年)の建設に取りかかったが、それが完成したのはナポレオンが失脚した後であった．そして一時ブルボン王朝が復活するが、再び帝政(第2帝政)を迎え、ナポレオン3世(1852〜70年)が皇帝の位につく．

ナポレオン3世の下でセーヌ県の知事に任命されたオースマンがパリ大改造を行うまでの約1000年の間、上述のように、パリは絶えず変化と蓄積を繰り返して都市の姿を醸成してきたのである．

ナポレオン3世とオースマンがまず行ったのは街路の整備である(図3-4-4)．次いで建物の整備を行い、現在私たちが見るパリの町並みの美観を形成していった．この時代に建設されたものは、鉄道駅、オペラハウス(設計 ガルニエ)、ルーブル宮の新翼棟などで、数多くの主要建築を街路で結び、視覚的に中心に据えるというバロック的町並みを完成させていった．さらに、商事裁判所、市庁舎の増築、中央市場、病院等々に加え、町並みを形成する街区建物(1階が店舗で上階に住居が入る形式)などによって、現在みられるパリの町並みが完成した．それら街区の整備は広場の改造にもつながっていく．また、ノートルダム寺院の大増改修がヴィオレ・ル・デュックによって行われた．エコール・

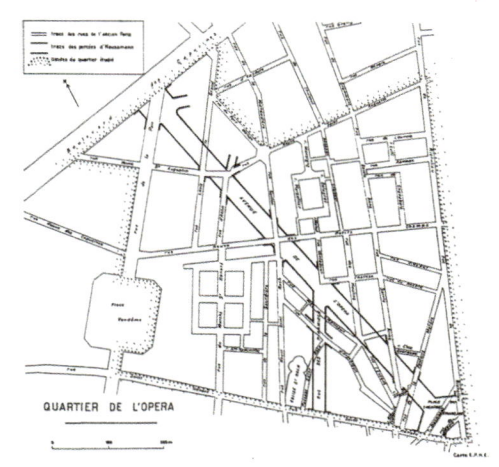

図3-4-5 オースマンによる道路計画 1850年 ナポレオン通り(現在のオペラ座通り)

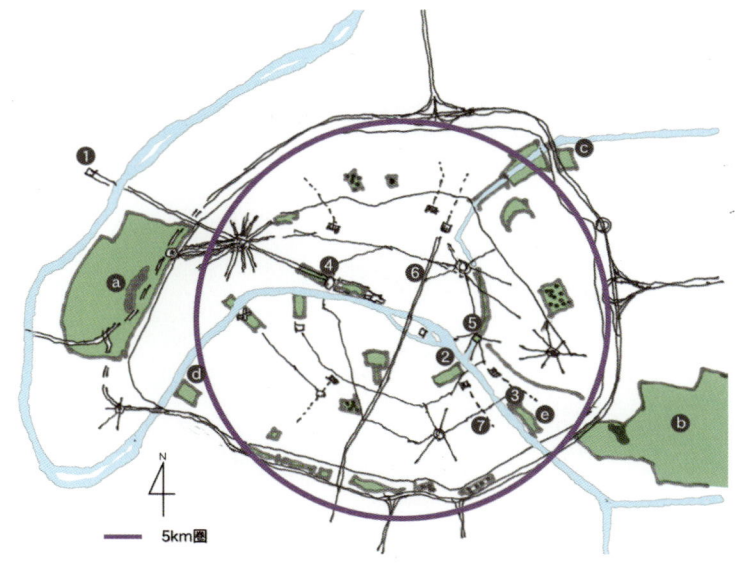

図3-4-6 ミッテランのパリ21世紀計画

ミッテラン以降の21世紀首都計画
1. 新凱旋門
2. アラブ研究所
3. 新大蔵省
4. ルーブル改造,ガラスのピラミッド
5. 新オペラ座
6. ポンピドゥセンター
7. 国立図書館

公園
a. ブーローニュの森
b. ヴァンセンヌの森

新しい公園
c. ラ・ビレット公園
d. シトロエン公園
e. ベルシィ公園

デ・ボザールや,美しいサン・ジュヌビエーブ図書館(設計 アンリ・ラブルースト)もこの時代である.

このように道路と建物が整備されていけば,それに接して,あるいはその延長線上にいくつかの公園がつくられていくのは当然である.ブーローニュの森,ヴァンセンヌの森,ビュット・ショーモン公園やモンスリー公園などもこの時代に整備されている.

ナポレオン3世以降の100年間,パリは激動の時代を迎える.19世紀末には,万国博覧会を期してエッフェル塔(1887～89年)が建設されるなど――しかし,歴史的伝統的なパリの町並みに対して,あまりにも新しく,異なるものとして酷評された――世紀末文化が花を開かせたが,パリの再生はミッテラン大統領の時代まで待たねばならなかった.それに先だって,ポンピドゥ大統領時代に国立美術館の国際コンペが行われ,ピアノ(伊)＋ロジャース(英)の共同設計が最優秀案として選ばれ建設された.ポンピドゥセンターである.これは設備を露出し,大架構による無限定空間を創造する構造主義のデザインであったために,エッフェル塔がもたらした毀誉褒貶と同じような批判を引き起こしたが,重苦しい下町の雰囲気であったマレ地区の開発に寄与している.

ミッテラン大統領の5大プロジェクトは,新しい都市の核をオースマンのパリに加えようという企画であった(図3-4-6).21世紀に向けて新しいパリを装うものであるから,これらプロジェクトの敷地はその位置を慎重に,都市計画の中に組み込まれている.新凱旋門(アルシュ)は,シャンゼリゼと凱旋門(エトワール)を結ぶ都市主軸(シャルル・ドゴール大通り)の終着点としてデファンス地区の中心に建てられた.また,パリの西部に比して東側の開発が遅れていたために,セーヌ河沿いのベルシィに新大蔵省が建てられた.新しい国

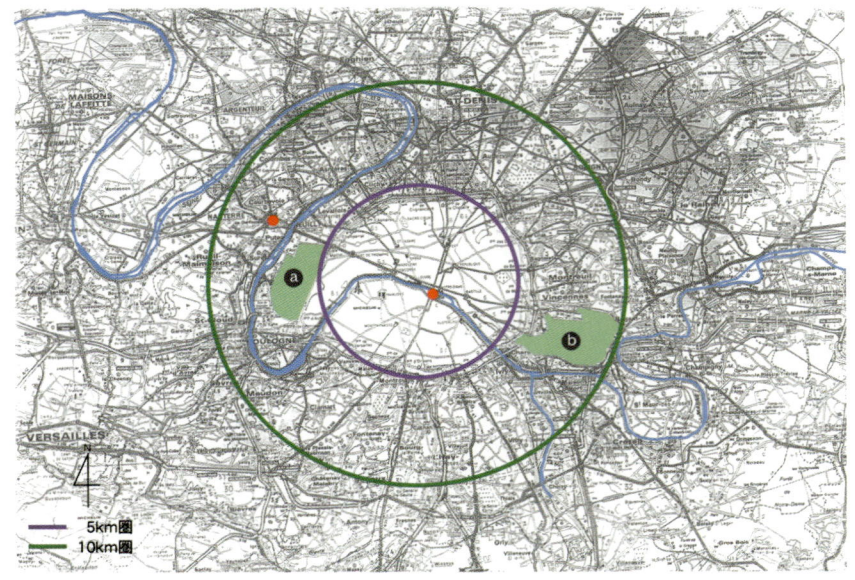

図3-4-7 パリ広域圏

a. ブーローニュの森
b. ヴァンセンヌの森

3-4-1 エッフェル塔(1991)
コンコルド広場からみる.

3-4-2 シャンゼリゼ大通りと凱旋門(1996)

3-4-3 チュイルリー公園(1988)
シャンゼリゼ大通りの軸線上にある.

家的プロジェクトは，パリをさらに甦らせるために都市計画が必要とする重要な場所を慎重に選び，その場所をクリアランスして建設するという適切な配置計画の下に建設されたのである．すべてのミッテラン・プロジェクトは，パリに対する都市的役割を果たしているのである．いわゆるハコモノを華美に建てるという果敢ない建設とは異なり，パリの1000年の歴史の延長線上に位置する20世紀末のプロジェクトであり，21世紀へ継承されるべき都市景観を形づくっている．バスチーユの新オペラ座，アラブ研究所も東側地区に建てられている．新大蔵省が建設され，それまでルーブル宮殿の一画を占めていた大蔵省が移転するに伴って，ルーブル美術館の大改造がアメリカの建築家 I.M.ペイによって設計された．前庭のガラスのピラミッドは新しい名所となっている．さらに国立図書館がベルシィ地区の対岸に建設された．国際コンペによってドミニク・ペローのデザインが選ばれている．

このように，都市軸の上に主要な建築が建てられてくると，併せて公園の整備が計画される．北東部にラ・ヴィレット公園が建設されたのを皮切りにして，西南部のシトロエン工場跡地にシトロエン公園，また，建物群が整備されたベルシィにはベルシィ公園等の広大な公園が新たに整備され，21世紀への装いが整えられたのである．

＊参考文献：
『フランスの都市計画』西山卯三序，加藤邦男/鹿島出版会/1965年
『パリ大改造——オースマンの業績』ハワード・サールマン，小沢明訳/井上書院/1983年
『パリ，世界の都市の物語1』木村尚三郎/文芸春秋/1995年
『フランス第二帝政下のパリ都市改造』松井道昭/日本経済評論社/1997年
『パリ，歴史の風景』饗庭孝男編/山川出版会/1998年

3-4-4 オペラ座通り(1964)
オースマンの街路計画によってつくられた街路.

3-4-5 オペラ座
設計 ガルニエ(1874年).
シャガールによる天井画.

3-4-6 シャルル・ドゴール大通りと新凱旋門(1994)

3-4-7 新凱旋門の基壇(1991)
設計 J.O.v.スプレッケルセン+P.アンドリュー(1989年).

3-4-8 ルーブル美術館のピラミッド(1996)
設計 I.M.ペイ(1993年).

3-4-9 新大蔵省(1994)
設計 P.シュメトフ&B.ユイドブロ(1988年). ベルシィ橋のたもとに敷地が選ばれ、ベルシィ地区再開発の拠点となる.

3-4-10 新オペラ座とバスティーユ広場(1994)
設計 C.オット(1989年).

3-4-11 ポンピドゥセンター(1980)
設計 R.ピアノ+R.ロジャース(1977年).

3-4-12 アラブ世界研究所(1991)
屋上テラスレストランからノートルダムを眺める.

3-4-13 国立図書館(1994)
設計 D.ペロー(1994年).

3-4-14 アラブ世界研究所(1991)
設計 J.ヌーベル(1987年).

3-4-15 ポンセレ通り(1964)　　ポンセレ通り(1994)
エトワールの大通りからわずかに入った生活街路.30年変わらぬ町並みをみせている.

3-4-16 国立自然史博物館とジャルダン・デ・プラント(1999)
オブジェが人々の注目を集めている.

3-4-17 ジャルダン・デ・プラント(1999)
刈り込んだプラタナスの並木が面白い.グリーンハウスが公園に付属する.

3-4-18 ブーローニュの森(1999)
パリ市西部に位置する広大な自然林の中の空間.

3-4-19 ブーローニュの森(1999)
ナラ,クヌギの自然林の中をサイクリング.

3-4-20　サンマルタン運河(1999)
水門によって水位を調整し,船の運行を可能にしていた.

3-4-21　ヴィレット水路(1999)
サンマルタン運河の水門の先は水路が広くなり,運河はヴィレット公園へ続く.

3-4-22　ラ・ヴィレット公園(1994)
運河によって生活物資がパリへ運ばれていた.かつて盛況を極めた屠殺場が移転した跡が公園になった.B.チュミの設計による.

3-4-23　シトロエン公園(1999)
シトロエンの工場が移転した跡地.グリーンハウスが焦点をつくる.

3-4-24　ベルシィの壁(1999)
大蔵省の移転を契機として地区の整備が行われた.700mにわたる壁が地区にアイデンティティを与えている.

3-4-25　ベルシィ公園(1999)
ベルシィの壁の内側の広い公園.高級な都市集合住宅が公園を囲む.

3-4-26　ベルシィの壁からの眺め(1999)
沈下したパリ東地区の開発のため大蔵省,国立図書館が建設され,ベルシィ公園が整備された.

3-4-27　ヴァンセンヌの森(1999)
パリ市の東に位置する広大な自然林.

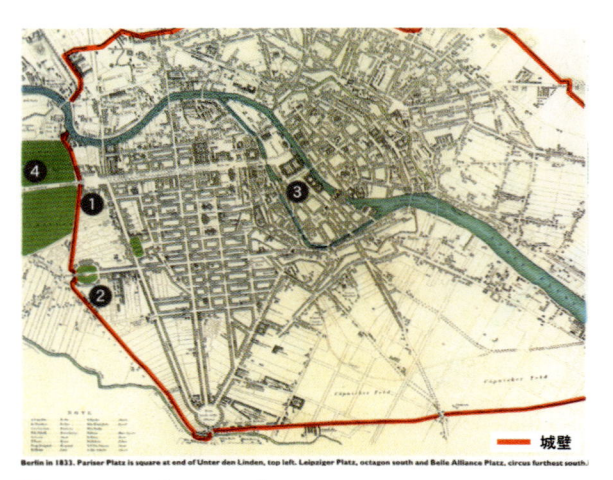

図3-5-1　ベルリン　1833年

1. ブランデンブルク門
2. ポツダム広場
3. シュプレーインゼル
4. ティアガルテン

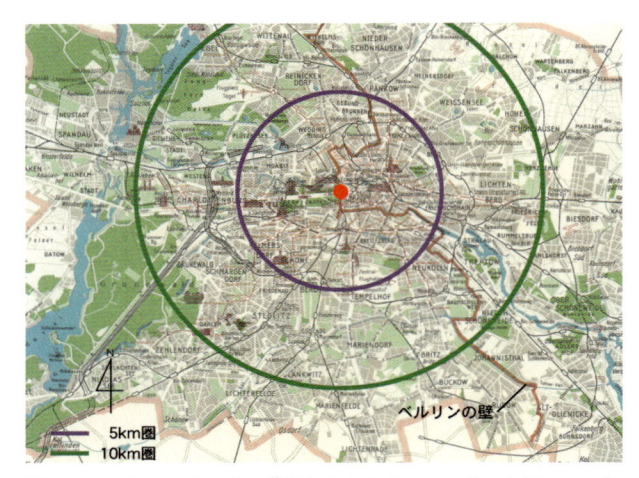

図3-5-2　ブランデンブルグ門を中心とするベルリン市域　1964年

5. ベルリン

1989年の"ベルリンの壁"の崩壊の翌年に，東西二つのドイツの統一が実現する．第2次世界大戦後，ドイツは東西二つに分断されたため，かつて首都であったベルリンは戦勝4カ国によって統治され，次いで1961年にはベルリンの壁の建設によって厳しく分断されていたから，"壁"の崩壊は真に国家的な出来事であった．その間，西ドイツではボンを「暫定首都」としたが，それは，将来ベルリンに首都が戻ることを予測していたからである．

1990年に結ばれたドイツ再統一条約の中に，統一ドイツの「首都はベルリンである」ということが明記された．条約を批准する連邦議会における移転決定の票差は僅差であったが，決定の理由は，雇用，移転費用，地域政策，構造政策等々個々の要因の比較考量によるものではなく，「首都をベルリンにおいて再整備することはドイツの将来を決めることであり，ドイツの将来がかかっているもっとも重要な課題である」という共通認識が移転の根拠とされたことは重要なことである*1．移転のタイムテーブルは1992年に作成され，予定通り2000年には連邦議会がベルリンで開催されるという最速のスピードで移転が完了しようとしている．

ここに至るまでのベルリンの700年にわたる歴史を振り返ってみよう．

ベルリンが文献に現れるのは13世紀である．そしてシュプレー河に沿った自由都市として発展する．市場・教会・市庁舎などを中心とする典型的な中世都市の様相をもっていた．

15世紀，ホーエンツォレルン選定候家がベルリンに居

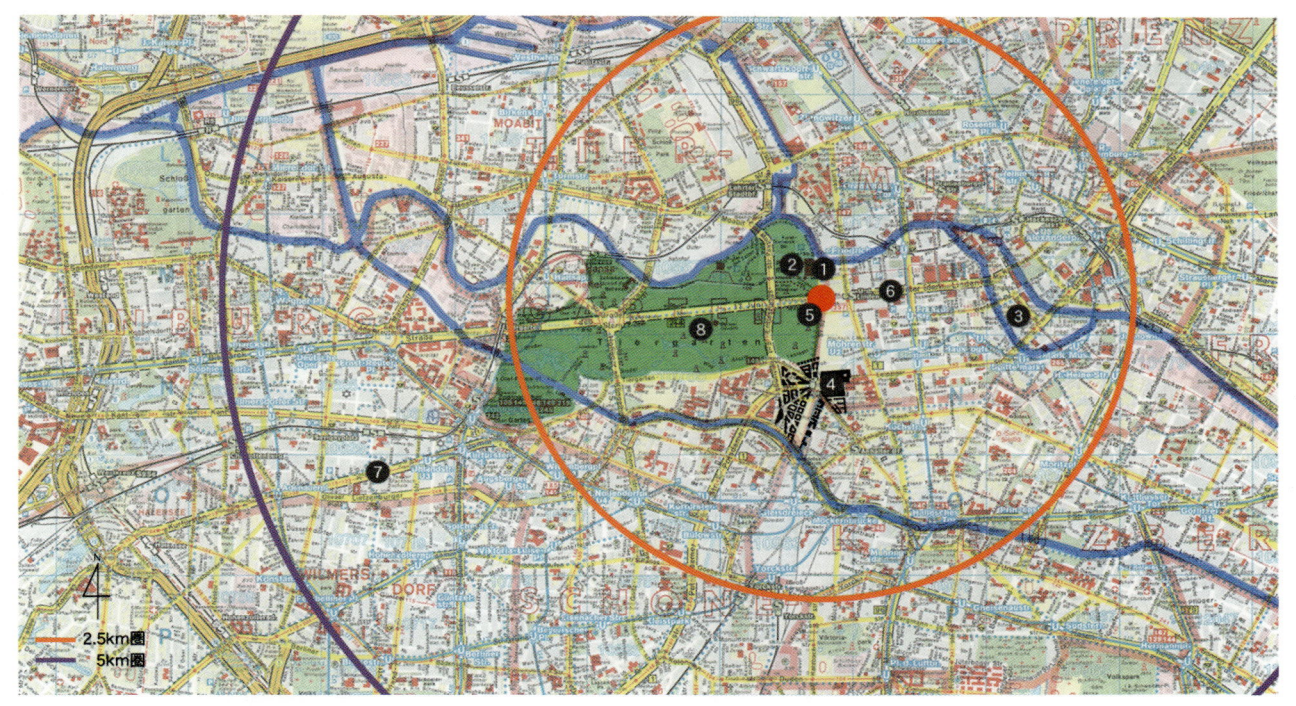

図3-5-3 ベルリン首都特別開発地区

1. 国会議事堂
2. シュプレーボーゲン地区
3. シュプレーインゼル地区
4. ポツダム広場
5. ブランデンブルグ門
6. ウンターデンリンデン並木大路
7. クルフルステンダム大通り
8. ティアガルテン

城を構えたことで，ベルリンはブランデンブルグ辺境伯領の首都となった．ホーエンツォレルン家時代に王宮（シュロス），ウンターデンリンデン並木大路等が建設されている．

1701年にプロイセン王国が誕生し，ベルリンは改めてプロイセン王国の首都となった．都市の拡張に伴ってブランデンブルグ門が建設され，18世紀後半にわたって国立オペラ劇場，旧国立図書館，フンボルト大学等，現在に残る壮麗な建築がつくられていった．

19世紀に入ると，ベルリンは一時ナポレオンの支配下に入るが，その後，プロイセン国王フリードリッヒ・ヴィルヘルム3世の下で，カール・フリードリッヒ・シンケル（1781～1841年）が数多くのモニュメンタルな建築を設計し，ベルリンの重厚な都市景観が形成されていった．シンケルは現在に残るアルテス・ミュゼウム，シャウスピールハウス（音楽劇場），シュロス・ブリュッケ（宮殿橋），ノイエ・ヴァッヘ（衛兵所），フリードリッヒ・ヴェルダー教会，建築アカデミー等を設計している[*2]．

1869年には，赤い市庁舎と呼ばれる市庁舎が完成している．

1871年，パリを席巻したプロイセン国王ヴィルヘルム1世は「ドイツ帝国」を宣言し，ベルリンはドイツ帝国の首都となった．この時代に帝国議会議事堂（ライヒスターク，1882年コンペによって建設），帝国美術館（ナツィオナル・ガレリー），工芸博物館，帝国宰相官邸，内務省，財務省他多くの官庁建築が建設された．シンケルが設計した核となるいくつかの建築に，さらに町並みを形成するような恒久的建築が加えられ，都市景観が整備されていった時期である．

20世紀に入ると，ベルリンの成長発展は人口の爆発的な集中をもたらし，住居の解決のため「賃貸兵舎」といわれるような高密で粗野な住宅群（団地）が建てられ

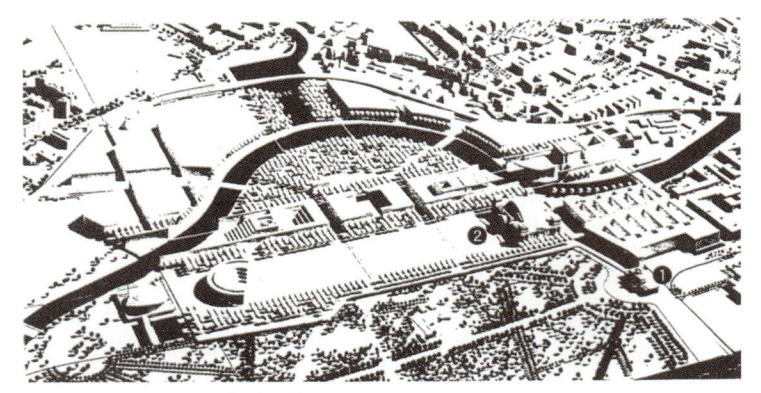

図3-5-4　ベルリンの首都整備地区A
シュプレーボーゲン地区コンペ最優秀案　1994年（工事中）
設計　アクセル・シュルテス（Axel Schultes）
1. ブランデンブルグ門
2. ライヒスターク（国会議事堂）

図3-5-5　ベルリンの首都整備地区B
シュプレーインゼル地区　1994年
設計　ベルド・ニーブル（Berud Niebuhr）
1. ウンターデンリンデン通り
2. アルテスミュゼウム

1994年コンペが行われたが未着工. 民間企業を呼び込んで, 改めて事業コンペが計画されている.

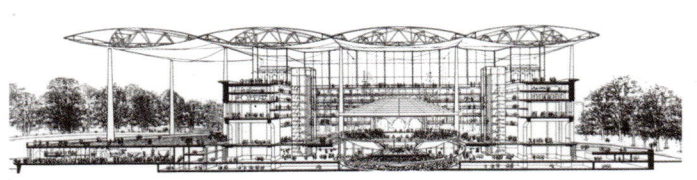

図3-5-6　国会議事堂コンペ当選案（第1次）　1991年
設計　ノーマン・フォスター

3-5-1　国会議事堂（1999）
フォスターの設計であるが, コストの制約で第1次案とはまったく異なった姿になった.

ていった.

1917年, ドイツは第1次世界大戦に敗れ, ドイツ共和国が成立（ワイマール憲法）, ベルリンはワイマール共和国の首都として, 政治, 文化の中心地として発展した. この時代には西へ発展する首都の中心街路として, クーダム街が整備された.

1930年に入るとナチスが台頭し, ヒトラーの独裁時代に入る. ヒトラーは, アルバート・シュペアー（後に軍需相となる）を主任建築家とし, ベルリンの上にさらに壮大な首都像を加える絵を描き, 新たな首都建設を試みた. 大戦前に行われたベルリンオリンピックのスタジアム（1936年）, 南テンペルホフ空港ターミナルのキャノピーなどいくつかの建物は完成をみたが, その壮大な都市計画は第2次世界大戦の終了, 第3帝国の崩壊とともに崩れ去った.

第2次世界大戦後の東西分裂の時代には, 西ベルリンでは国際建築展としてティアガルテンの一隅に世界各国の建築家による集合住宅が建てられ, また, 東ベルリンとの境界近くに新美術館（ノイエ・ナツィオナル・ガレリー：設計　ミース・v.d.ローエ）やウィーンフィルハーモニーホール（設計　ハンス・シャロウン）, 国立図書館（設計　ハンス・シャロウン）など新たな時代を表現する自由な形態の建築が建てられた.

一方, 東ドイツでは, ベルリン宮殿（シュロス）を取り壊し, その跡に共和国宮殿, そしてその東に「民衆広場」をつくるなど, 都市創りとしては手荒いクリアランス手法による都市再開発が行われた[*3].

このような歴史にみられるように, 統治体制が変わるたびに首都を移すことではなく, 帝政, 共和制, 独裁制などの時代を通し, 一貫してベルリンは首都であり, 首都に相応しい多くの都市構造（道路）や建築を蓄積してきた. 1989年, 東西統一後のドイツ連邦が「ドイツ

3-5-2　ティアガルテンを流れるシュプレー川支流（1994）

3-5-3　ベルリンの壁（1986）
ベルリンを東西に隔てていた壁は1989年に取り壊された．

3-5-4　弾痕（1994）
ウンターデンリンデン沿いの建物に残された弾痕は永遠に戦争の災禍を語り続けるだろう．

3-5-5　国会議事堂（1995）
クリストによるラッピング・インスタレーション．議事堂を改装に着手する前のイベント．

3-5-6　国会議事堂のガラスのロトンダ（1999）
一般に開放され下部の議場とは視覚的につながっている．反射鏡は議場に自然光を導く．

3-5-7　国会議事堂と議会棟（1999）

3-5-8　首相官邸（1999）
設計　A.シュルテス（1994年）．シュプレーボーゲン地区におけるコンペ当選案が施工中．2003年に完成する延長1kmに及ぶプロジェクト．

3-5-9　オリンピックスタジアム（1999）
設計　A.シュペアー（1942年）．国会議事堂，首相官邸などの公共施設は市民に開かれた設計を意図しているが，表現の傾向はシュペアーに通ずるものがある．

3-5-10　シュロス（王宮）の仮設立面（1994）
第2次大戦で破壊された王宮は東独政府によって取壊され，人民広場がつくられた．広場に王宮を復元するためのフェイクを展示している．

の将来を決めるためにベルリンを首都として整備する」という決定を下したことも，この歴史の流れの中で当然の帰結であるとみてよいであろう．

新しい首都ベルリンの建設に当たっては，1992年に連邦政府，ベルリン市州，ブランデンブルグ州間で「首都契約」を締結し，それぞれの共同作業によって首都の建設ならびに移転が行われることになった．1993年から翌年にかけて，新しく装いを整える首都ベルリンの骨格を決定するための主要地区および主要建築の国際コンペが行われた（図3-5-4, 5, 6）．

これらの政府関係の施設の整備と併行して，首都機能周辺に位置するポツダム広場地区では，民間資本によって大規模な都市開発が行われている（3-5-35）．

ライヒスタークやポツダム広場の周辺地区は，第2次世界大戦末期の激戦の地であって，多くの建物が完全に破壊された荒廃の地であり，「ベルリンの壁」にも接する関係から広大な空き地として残されていたこと，従って，暫定首都ボンからの移転に供する候補地として戦後50年の間，更地として温存されてきた地区であるからこそ，ベルリンの首都機能移転を予定通り進行させることができたのである．

1999年末には予定通り，連邦議会が再生されたライヒスタークで開会されている．ドイツの首都移転は，決定から8年という短い年月で，大きな節目を終えたわけである．

*1　「ドイツにおける首都機能移転」ドイツ公使クリストフ・ブリューマ／『首都機能移転／一緒に考えよう21世紀の日本』国土庁大都市圏整備局編／1997年
*2　『建築家シンケルとベルリン』ヘルマン・G.プント著，杉本俊多訳／中央公論美術出版社
*3　東西統一後の都市計画では，宮殿（シュロス）を原型に復元・再興する計画が進められている．

3-5-11 ブランデンブルグ門（1999）

3-5-12 ウンターデンリンデン並木大通り（1994）

3-5-13 アルテス・ミュゼウム（1999）
設計　K.F.シンケル（1830年）．

3-5-14 ベルリン大聖堂（1999）
設計　v.ラシュドルフ（1905年）．

3-5-15 フリードリッヒ大通り（1999）
"壁"の崩壊後，フリードリッヒ大通りの再興は西側のクルフルステンダム大通りに対する主テーマの一つである．

3-5-16 旧中心街の石畳（1999）
森鴎外の靴音が響いてくるような厚い石畳が中心街に残る．

3-5-17 中心街のホッフ（中庭）（1999）
建物の密集した中心街の内側には中庭が息づいている．

3-5-18 旧中心街（ミッテ）の町並み（1999）
第2次大戦によってベルリンはこのような落ち着いた人間的な町並みを失ってしまった．わずかに残された戦前の町並み．

3-5-19 アレクサンダー広場（1999）
ウンターデンリンデン並木大通りの東端に位置する大広場．東独政府はモスクワを模した都市計画を実行した．

3-5-20 カール・マルクス広路（アレー）（1999）
東ベルリン地区には共産国特有の広過ぎる広路がつくられた．

3-5-21 ポツダム広場（1994）
ベルリンの壁に沿って広大な土地が保存されていた．

3-5-22 ポツダム広場（1999）
ベルリンの壁に沿って首都機能が建設されていく．

3-5-23 ナショナルギャラリーよりポツダム地区をみる（1999）
これまで都市空間が抜けていたが，次第に閉ざされてくる．

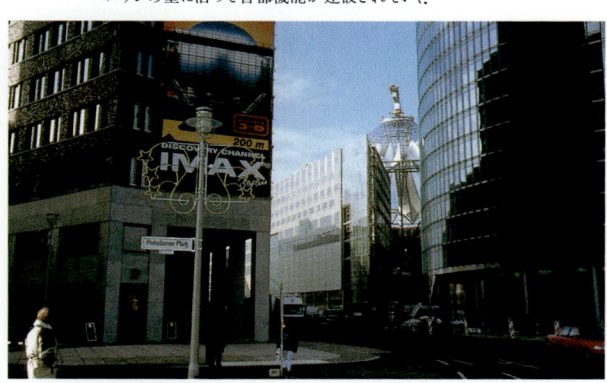

3-5-24 ポツダム地区（1999）
ソニーセンターの中央広場にかかる冠は現代の伽藍のようだ．

3-5-25 ナショナル・ギャラリー（1969）
設計　ミース・v.d.ローエ（1968年）．東西融合前の姿．都市への連繋は考えられないフリースタンディング型の建築．

3-5-26 ティヤガルテン（1999）
ドイツ人は黒い森が好きだ．ベルリンの中心にある広大な公園．

第3章　首都はどうつくられてきたか〈ベルリン〉　51

3-5-27 開発前のポツダム広場（1995）
戦災跡地が戦後50年放置されていた．

3-5-28 残された建物を取込む（1999）
再開発の中に復原され組み入れられる．

3-5-29 開発されるポツダム広場（1999）
マレーネ・デートリッヒ広場を見下ろす．

3-5-30 デービスビル（1999）
設計　R.ピアノ（1999年）．戦災で残った建物と共存．

3-5-31 デービスビル
"ベルリンの壁""ナチス""美の祭典"に関する展示．

3-5-32 ポツダム地区

3-5-33 ソニーセンター（1999）
設計　H.ヤーン（2000年）．ドーム，広場，露路，歴史的建築の保存等都市的要素を組み込む．

3-5-34 アルカデン・ショッピングセンター（1999）
硬派のベルリンの町並みとはやや異質で，アメリカのショッピングセンターを思わせる．

3-5-35 ポツダム地区の再開発ビル（1999）
戦災から残された建物を取込む．

3-5-36 再開発ビルと国立図書館の関係（1999）
設計　H.シャロウン（1978年）．ゆるやかなカーヴで国立図書館と対応している．

■ポツダム・プラッツ（POTSDAMER PLATZ）

ライヒスターク（国会議事堂）の再生，シュプレーボーゲン地区，シュプレーインゼル地区の再整備など政府地区が政府主導で行われているのに対して，ポツダム広場の再建計画は民間商業資本によって行われた．ベルリンが東西ヨーロッパを踏まえた，中心的な地理的条件をもっていることから，ソニーやダイムラーベンツという国際的な大企業が拠点をベルリンに設ける方針を立て，ポツダム地区に用地を取得し，2000年の首都移転に時期を合わせるように建設を行った．

政府の首都移転，即ち国会議事堂の再建のみでは，ベルリンがこのように甦らなかったであろう．政治（国家財政）と産業経済（民間資本）とが一体となった総合的都市計画の成果とみることができよう．

1991年のポツダム地区全体を対象にベルリン市が行ったコンペでは，ヒルマー＋サトラー（Hilmer and Sattler）の案が1等当選した．建物の軒並をそろえて街区をつくるという厳格な都市プランであったが，土地を購入した企業資本がその案に飽きたらず，リチャード・ロジャース（英）にマスタープランを再委嘱した．それはポツダム広場の中央に建てられたタワーから放射状に街路が走るユニークな都市パターンの提案であったが，市議会を説得することができなかった．そこで，地区に立地する企業は，それぞれに設計者を選ぶこととなり，ダイムラーベンツ地区はレンゾ・ピアノ（伊），ソニー地区はヘルムート・ヤーン（米），ABB（Area Brown Boveri）地区はジョルジオ・グラッシ（Giorgio Grassi／伊）がコンペによって選ばれた．

1920年代，ポツダム広場はタイムズスクエアのような繁華街であったのだが，その当時の賑わいが取り戻されたわけである．その一方で，都市中心街でいつも問題にされる中産市民のための都市住居の不在が，今後の問題として指摘されはじめている．

＊参考文献：
『l'architecture d'aujourd'hui』No. 297, 1995年2月号
『The Architectural Review』1999年1月号

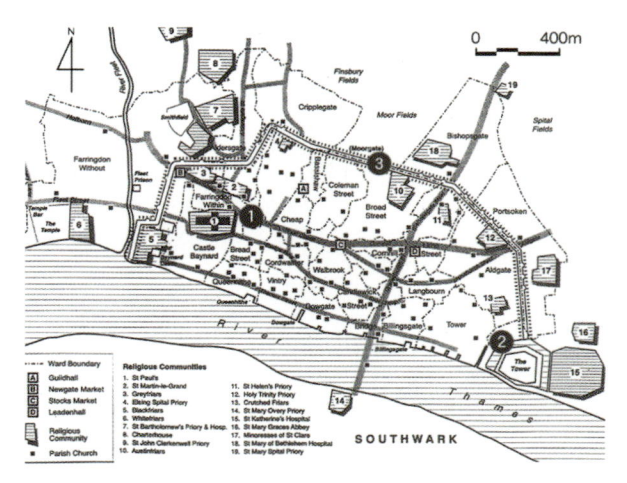

図3-6-1 中世のロンドン
1. セントポール寺院
2. ロンドン塔
3. ローマンウォール

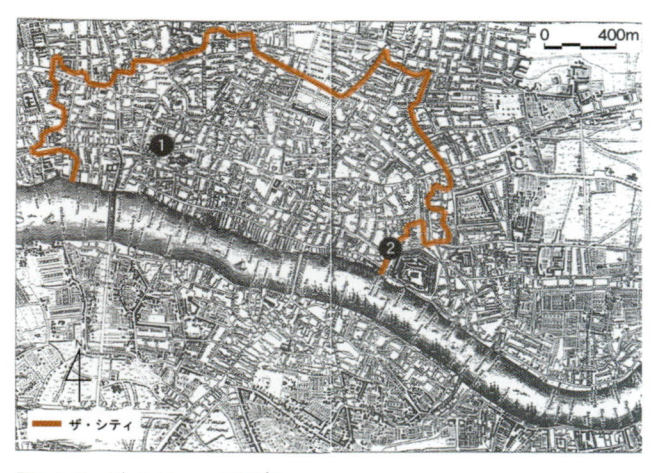

図3-6-2 ザ・シティ 1769年

3-6-1 ザ・シティの中に残るローマンウォール(1969)

6. ロンドン

ロンドン・シティの中，バービカン近くに2000年ほど前のローマン・ウォールが残されている(3-6-1)．ローマ人が壁をめぐらし拠点を築いた跡であるが，それは1000年にわたるロンドンの歴史のはじまりでもある(図3-6-1)．壁の東端には，ノルマン人によって築かれたロンドン塔(1086〜97年)がある(図3-6-1, 2の中の②)．

このようにロンドンの歴史は，入れ代わり現れる外国からの侵入者達の歴史によって彩りを重ねていったものである．その間，ヴァイキングの略奪に抵抗した時代もあったが，都市に定着していったのはアングロサクソン人であった．

中世のロンドンは貿易と商業の町であり，ユダヤ人，イタリー人，ハンザ同盟のドイツ人達の出入りが町の様相を発展させていった．16世紀にはフランスからユグノーも入ってくる．このようにロンドンの「ザ・シティ」は，商人に支えられるギルド社会であった．商人によるギルド社会であったことが，専制君主による都市計画によって規制されていったベルリンやパリとは異なる．ロンドンは娯楽や余興にあふれた商業都市で，大イギリス帝国の覇権もロンドン港(ドック)を世界に開かれた窓とすることに力を添え，ザ・シティの繁栄を支えたのである．シェークスピアが活躍する舞台でもあった．

ウエストエンドは，ノルマン人の時代に市壁の西に拡がった地区だが，ここにイギリス王家は館[*1]を構え，立憲政治の確立[*2]とともに政治の拠点(首都機能)をウエストエンドのウエストミンスターに置いた[*3]．

ロンドンが都市の姿を濃密に形成してくるにはいくつかの節目があり，それらの危機を乗り越えて，豊かな

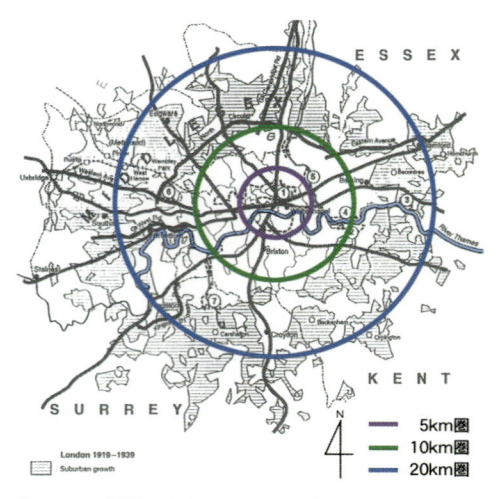

図3-6-3 郊外の発展 1919〜39年

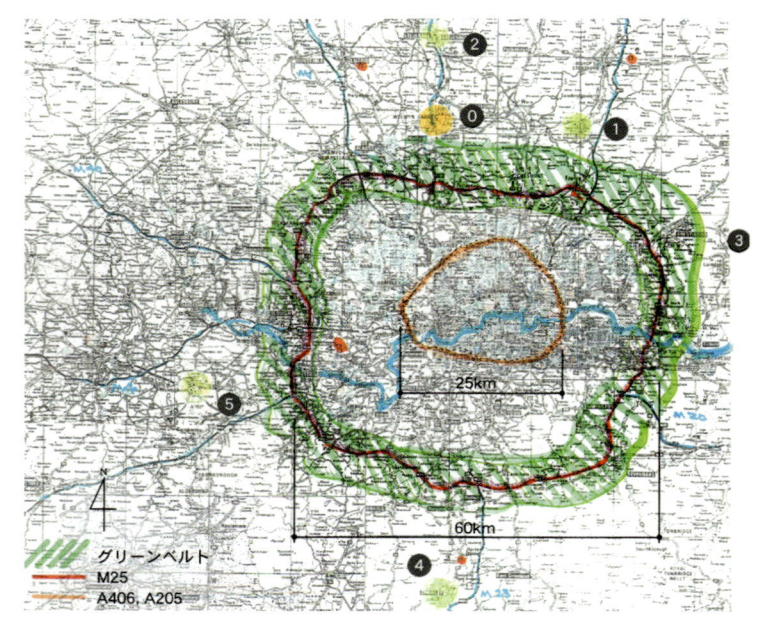

図3-6-4 J.S.Bonningtonによる図解 リングゾーン

0. Welwyn Garden City
1. Harlow New Town
2. Stevenage New Town
3. Basildon New Town
4. Crawley New Town
5. Bracknell New Town

繁栄を築いていった．1665年の疫病・ペストの大流行，1666年の大火はロンドン史に残る大災害であった．これに続く災害は，第2次世界大戦時のロンドン大空襲(Blits)による被害である[*4]．

1940年，それは大戦の終わる前であるが，当時首相であったサー・ウィンストン・チャーチルは「ロンドンならびに他の爆撃された都市は，より健康に，そして，より美しく廃墟から立ち上がるであろう」と宣言している．この大きな支持の下に，アーバークロンビー(Sir Patrick Arbercrombie)がLCC[*5]によって指名され(1941年)，ロンドン(Country of London)の再興に当たることになる．

アーバークロンビーは，1943年のロンドン計画(the Country of London Plan)で，交通の混雑，住居の欠乏，オープンスペース不足，住居と工場の混在という四つの大問題に対して分散方式で対処するという方針を出した．それは，ロンドン市内の60万人の人口[*6]を市外に移すことを骨子として，ロンドンの人口密度を一定の比率に保とうとするものであった[*7]．

人口移動のためには，20世紀初頭にE.ハワードやR.アンウィンによってはじめられた田園都市[*8]構想によることとし，10カ所の地区を選定し，ニュータウンの建設に着手した[*9]．

極度にロンドンのスプロールを嫌ったアーバークロンビーは，グレイターロンドン計画(the Greater London Plan, 1944)の中に四つの環状領域(ring)[*10]を設け，スプロールを抑え人口密度を整える籠として人口規制を計った．

分散の対象は人口問題のみではなく，産業も対象となり，テムズ河畔の工場やドックは市域から外に移転され，南岸(South Bank)の跡地は文化センターとして再開発され，劇場やコンサートホール，河岸プロムナ

1. Thames mead
2. Millenium Dome
3. Canal Wharf
4. Tobacco Dock
5. St. Katharine's Dock
6. Chelsea Harbour
7. Royal Victoria Dock
8. London City Airport
9. King George V Dock
a. Hyde Park
b. Regents Park

図3-6-5　テームズ川　ドックランドの計画

3-6-2　サウスバンク (1999)
ミレニアム観覧車とビッグベン．

3-6-3　サウスバンクプロムナード (1999)
テームズ河南岸沿いに続く遊歩道．

3-6-4　タワーブリッヂとドックの水門 (1999)
テームズ川沿いのドックの水位は水門によって調整される．

ード*11などが建設された．

南岸の開発は，火力発電所を再生して新テイトギャラリーへ改造するなど，現在も東へ向かって進行している．ロンドン港の整備によって空閑地となったドックは，水面を活用して住宅や商店を入れたコミュニティとして再生されている*12．

1960年代に入ると，ロンドン政府(Greater London Government)をいくつかの小都市(borough)から構成される自治体群*13と，グリーンベルトから内部の警察・上水供給・交通運輸を統括するGLC(Greater London Council)の二つの自治組織を重ねる案が検討され，1965年に合意された*14．

GLCがLCCに代わってロンドン全域の都市計画を担当すること(Planning Authority)となったわけだが，ハウジングの権限はボローに残されたため，諸々の計画がボローによって否定されることが多く，GLCの力はLCCの時代よりもはるかに弱まってきた．

この状態の中で，GLCは独自のハウジング開発を行い，1966年に6万人の規模をもつニュータウン，テームズミードの計画を発表した*15．1985年には2万人の人口規模になったが，これがGLCの最後の大規模団地計画となった．

GLCが住宅建設から後退するのは，スタンダード部品を使い工場生産によるシステム建設技術が民間の建設業界で発達し，小都市の住宅建設が民間に委託されることが多くなったためである．このような住宅建設に対して，保守党，労働党を問わず中央政府は補助金政策*16をとったために，ブルトザー開発と呼ばれるような大型の住宅地開発が行われた．

しかし，このような安易な建設は質の低下を招く．カムデンのゴスペルオークの開発は，伝統的なコミュニティの破壊につながるものとして，中でももっとも悪

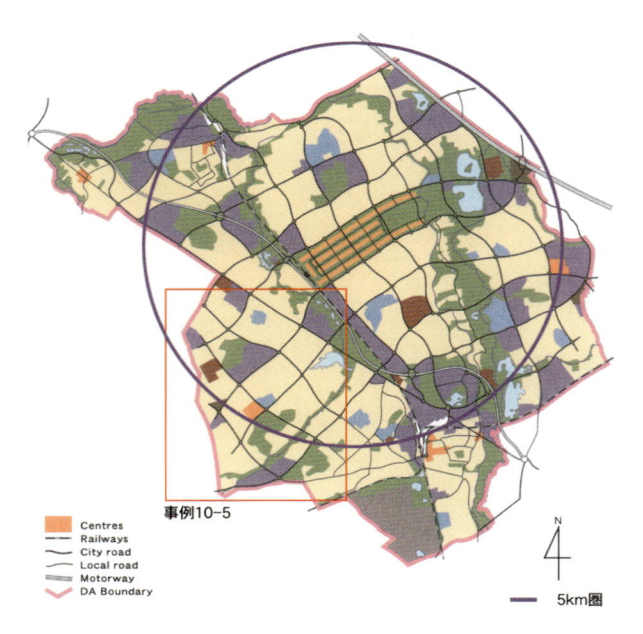

図3-6-6　新都市ミルトン・ケインズの街路パターン
基本街区スケール　1.0km×1.2km

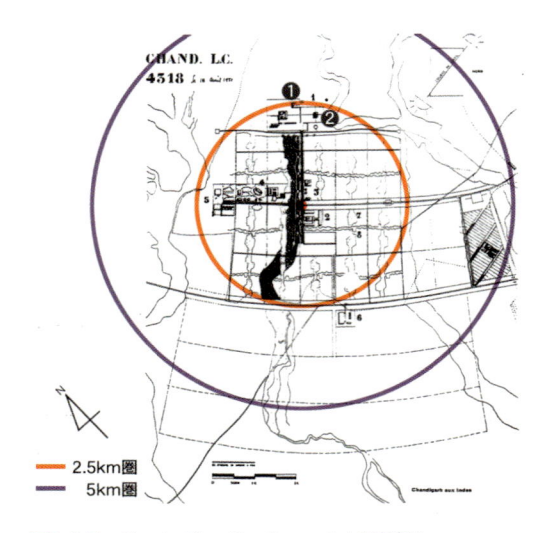

図3-6-7　チャンディガール　＊中央官庁街
議事堂と最高裁判所間の距離800m
基本街区スケール　0.8km×1.2km

ロンドンもそうだが，エルウィン田園都市をはじめとしてイギリスのニュータウンには放射状街路パターンが多いのに対して，もっとも新しい第3世代のニューシティ，ミルトン・ケインズ（1967年〜）は，直交グリッドパターンをとっている．グリッドのモデュールは概ね1km×1kmで，外周部を通過交通とし，内部はクルドサックを用いるなど，歩行者の安全を配慮した道路計画をとっている．合理的な都市計画によっているが，平面的に拡がりすぎた距離，即ちタウンセンターと周縁部住区との距離が問題にされつつある．

同様のコンセプトは，ル・コルビュジエによるチャンディガール（インド）の都市パターンですでに実現している．
インド，パンジャブ州の州市チャンディガールは，1951年，ル・コルビュジエによって都市設計が描かれ，15万人の都市として1952年に建設がはじめられた．

評の高いものであった．
これを機に高層フラットを交えたブルトザー開発に対して反省の機運が生じた．古くから住みついていた中間階級の市民の慣れ親しんだテラスハウスが建て替えられ，市民の生活が味気ない塔状アパートの箱のような部屋に押し込められてしまうことに対して，古い家を改造再生する計画を今後の方針とするよう，1968年の白書は勧告している[17]．
この政策は，Civic TrustやVictorian Societyによる歴史的建造物の保存運動とも軌を一つにしている．
GLCによる計画であるが，1970年代に完成したマーケットであったコベントガーデンの保存再生[18]の成功は，保存による都市再生に根拠を与え，ロンドン中心地区の都市開発の主流として，この手法は現在にも受け継がれている．
しかし，第3世代ニュータウンの建設といわれるミル

トン・ケインズ[19]計画を最後に，人口の郊外分散を企図したアーバークロンビーのロンドン計画は，1976年にロンドン調査会によって破棄された．その時期のロンドンの最大の問題は，人口の減少，雇用の低下であり，世界の首都に相応しい集中，即ち日常の手厚い物資やサービスの供給，頻繁な人々の交流が可能となる政策が求められるようになったからである[20]．
時代の趨勢に大きな変化がみられるようになってきたのである．
この傾向を受けて，沈滞した造船業の跡地であるドックランドを一大ビジネスセンターとして開発するドックランド計画は，時のサッチャー政権の首相陣頭指揮の下に強力に推進された．先に述べた方針転換を受けたものであり，沈下の傾向にあった都市の活性化を計ったものである[21]．
大戦後，ロンドンの再興計画に大きな貢献を果たした

3-6-5 テームズワーフ (1999)
テームズ川はロンドンの景観の重要な要素.

3-6-6 チェルシーハーバー (1988)
テームズ川沿いにはドックを利用して高級集合住宅団地がつくられている.

3-6-7 St.キャサリンドック (1999)
ドックの開発の初期例.

3-6-8 西インドドックとキャナリーワーフ (1999)
キャナリーワーフはアメリカ資本による商業・業務開発. 西インドドックは住宅を主とした開発.

3-6-9 ロイヤルビクトリアドック (1999)
高級住宅を主体とする開発が行われつつある.

3-6-10 キング・ジョージⅤ世ドック (1999)
ロンドンシティ空港も誘致対象としたドック開発.

3-6-11 キャドガン・プレイス (1999)
都市の中に多くの緑がコートとして保たれている.

3-6-12 ハイアット・カールトン・ホテルのレストランからの眺め (1999)

3-6-13 ハンス街 (1999)
様式を伝承するため, 外壁保存の工事が行われる.

GLC (前身はLCC)[22] であったが, サッチャー首相の民営化方針の下に100年近い歴史の幕を閉じることとなった (1983年).

現在, ロンドンはミレニアムへ向けていくつかの大プロジェクトが進行している. その中心となるのがブレア首相によって推進されるミレニアムドームの建設である. イースト・テームズ・コリドーの中のロイヤルドックの東端に位置する巨大な吊膜構造のドームが, 2000年に開館する. 内部には展示・アミューズメントを施設しているので, 記念年には多くの観客を集めるだろう.

ロンドンに関して長い記述となったが, その歴史を, 首都移転問題で揺れる現在の東京に重ねることができるように思う.

3-6-14 ドックランド (1986)
開発初期のドックランド. ロイヤルビクトリアドック.

3-6-15　ミレニアムドーム（1999）
設計　R.ロジャース（1999年）.

3-6-16　ドームの内部（1999）

3-6-17　ウォータルー国際駅（1999）
設計　N.グリムショー（1993年）. ドーバー海峡を渡る国際新幹線の終着駅.

3-6-18　チャーリングクロス駅（1999）
設計　T.ファレル（1990年）. 街区沿いの二つの町並みの間にプラットフォームを挿入している.

3-6-19　大英博物館ドーム（1999）
N.フォスターによる改造計画. 博物館の屋上にガラスのドームを架け来館者のための憩いの空間にする.

3-6-20　ロイズ保険会社（1999）
設計　R.ロジャース（1986年）.

3-6-21　ロイズ保険会社の内部空間（1999）

3-6-22　英国図書館 St. パンクラス館（1999）
設計　C.ウィルソン（1994年）. 隣接するレンガ造のSt.パンクラス駅と関係したデザイン.

3-6-23　コベントガーデン（1988）
市場が移転した跡の再生. 周辺地区に劇場が多く演劇人でにぎわう.

3-6-24　テームズミード住宅団地（1999）
GLCによる最後の大規模団地（1966～83年）. 綿密に計画された住宅団地.

3-6-25　ゴスペルオーク住宅団地（1999）
深く研究されたGLCの計画性を継承することができなかった事例とされている.

3-6-26　テームズミード建売住宅（1999）
GLCの消滅にともない住宅建設は民間業者にゆだねられる. 質の低下は免れない.

3-6-27　ハイドパーク（1999）
ホテル・レストランからの眺め. 豊かな公園を身近に楽しむことができる.

*1　バッキンガム宮殿　設計　Edward Blore（1846年）
*2　「国王は君臨するが統治しない」
*3　国会議事堂　設計　Sir Charles Barry（1840～60年）
*4　1851年に開催された大博覧会も大きな節目であり，クリスタルパレス（設計　パクストン）など産業革命によって発達した技術である鉄とガラスに支えられた建築が建てられた．
*5　LCC：London Country Council
*6　60万人：日本における首都移転計画も，当初60万人の新首都を建設する計画が立てられていた．
*7　アーバークロンビーによるロンドン市内の計画人口密度
　　　1　市中心地：　　　　　200人／エーカー
　　　2　副中心地：　　　　　136人／エーカー
　　　3　郊外地：　　　　　　100人／エーカー
　　　4　グリーンベルトまで：　50人／エーカー
　　　5　グリーンベルト：　　　20人／エーカー
*8　田園都市（Garden City）
　　　Letchworth（1903年～）
　　　Hampstead（1906年～）
　　　Welwyn　（1920年～）
*9　第1次ニュータウン
　　　Harlow, Stevenage, Basildon, Crawley, Bracknel
*10　1. Inner Urban Ring
　　　2. Saburban Ring
　　　3. Green Belt Ring
　　　4. Outer Country Ring
*11　1. Royal Festival Hall（1951年）
　　　2. Queen Elizabeth Hall（1967年）
　　　3. National Theatre（1977年）
　　　4. Riverside Walk
　　　5. Queen's Walk
　　　6. Tate Gallery of Modern Art（2000年）
　　　7. Shakespears Globe Theatre（1997年）
*12　1. St. Katherlin Dock
　　　2. Chealsy Harbor
　　　3. West India Dock
　　　4. Royal Victoria Dock
　　　5. Linehouse Basin
　　　6. Shadwill Basin
*13　ハーバート委員会では52のボローが提案されたが，ボローを20万から30万の人口に拡大したいという政治圧力で32のボローに落ち着いた．
*14　ザ・シティだけは独立した権限を保つ小都市（borough）として残された．

*15　Thamesmead：敷地はテームズ河南岸の潟地で，下水処理場等のある放棄された1,600エーカーに及ぶ土地が利用された．
*16　住宅の大量な建設は票につながるため，保守・革新を問わず中央政府は大量の補助金政策をとった．
*17　中流化政策（Gentrification）とも呼ばれる．これまで労働者層の住宅であったものが，補助金と自己資金を利用できる中産階級，とくに芸術や教育に関係する職能人に占められ，これまで都市周縁部の特徴であった混合住区が消滅していく．労働者のための住宅不足が生ずる．テームズ河畔にも素晴しいコンドミニアム・フラットが続々と建設されている．これらには中産労働者層の住宅は顧みられていない．このことがロンドンにおける住宅政策の今後の大きな問題とされている．日本においても，民間不動産事業によるマンションは，いわゆる億ションに向かい，かつて，都営や公団によって建設された中間所得層の住宅不足が社会問題とされるであろう．
*18　GLC's Conprehensive Development Plan for Covent Garden, 1968年：マーケットであったコベントガーデンの再生．古くからの近隣住区を新しいオフィス，住宅，会議場等を含む業務地区に開発している．旧市域はその姿のまま再生され，オープンスペースとともに豊かな空間をつくっている．周辺には劇場が多く，芸能人，観客，オフィスに働く人達，住民が集まる場所となっている．
*19　Milton Kaynes：ロンドンから50マイル，ロンドンとバーミンガムの中間に位置する．1971年に開発をはじめてから，面積9,000haの土地に人口153,000人のニューシティが建設されている．目標は今世紀末までに人口25万人の都市計画であったから，成長は多少頭打ちとなっている．ロンドンのベッドタウンであったこれまでのニュータウンと異なり，職住を共存させる都市として計画された．同心円状の都市パターンの多いイギリスにあって基盤目状の道路パターンによって構成されている．
*20　1970年代半ばには，ロンドンでは出生より死亡件数の方が多くなっている．
*21　East Thames Corridor：ドックランドの再開発はイースト・テームズ・コリドーと呼ばれ，6,500エーカーの敷地に民間開発会社（The London Dockland Development Corporation）によって建設・運営される．ボストンやボルチモアの開発と同じように市場経営であり，その中のキャナリーワーフ（Canary Wharf）には，すでにアメリカの資本による高層ビルが完成し，業務を開始している．
*22　LCC：1899～1965年
　　　GLC：1965～1983年
*23　参考文献：『A History of London』　Stephen Inwood, Macmillan出版／1998年

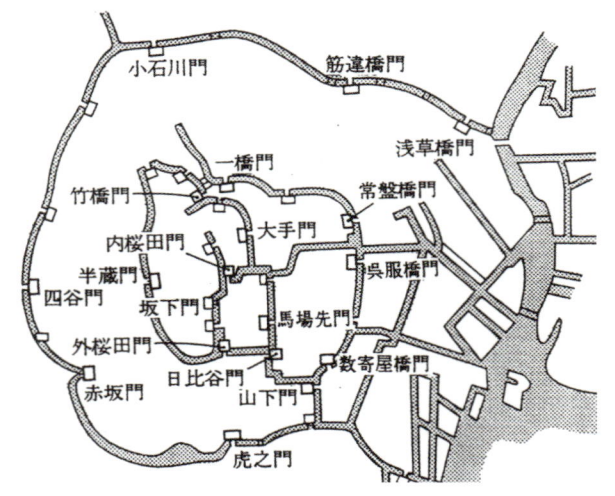

図3-7-1　江戸城の外郭

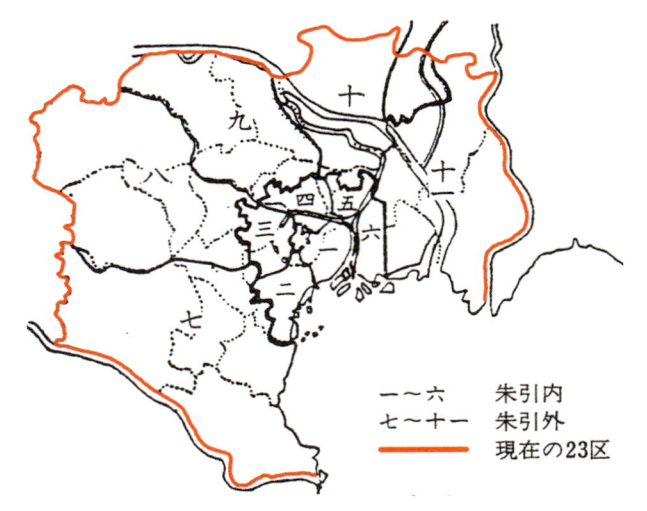

図3-7-2　江戸東京11大区図

3-7-1　国会議事堂（1986）
桜田門と国会議事堂を結ぶ国家的な都市軸．左手に警視庁．

3-7-2　最高裁判所（1974）
設計　岡田新一（1974年）．半蔵濠からの眺め．落ち着いた首都の景観．現在は背後に高層ビルが立ち並ぶ．

7. 江戸・東京

太田道灌が江戸に城を築いたのは康正3年(1457年)のことであった．城の位置は，現在の皇居の東庭園，後に建てられる江戸城本丸のあった所に位置していた．城の東側には日比谷の入江が入り込み，その奥まったところに江戸湊の町があり，関東の町や村への流通の要となっていた．城は江戸城と呼ばれた．

その後，江戸城は後北条氏の所領となったが，秀吉の関東攻めによって豊臣の軍門に下る．秀吉は徳川家康の駿河，近江等の旧領に代えて，北条氏の旧領，関八州を家康に与える国替えを行った．その折に家康が居城として選んだのは，江戸城であった．天下取りを心に秘めた家康にとって，江戸は絶好の地であった．広大な関東平野の中心で利用可能な地は広く，外洋に面しない静かな海をもち，大河川の出口でもあり，湊をつくるのにも便利がよい．日本全国の多くの人々を呼び集めて住まわすには，西なら秀吉が選んだ大坂，東では江戸がその条件を備えている．しかも，江戸城は堅牢な地盤の台地にある．

天正18年(1590年)に江戸に入った家康がまず行ったのは，和田倉門から日本橋，永代橋へ至る道三堀の掘削であった．この水路によって江戸湊と城とが直結された．次いで日比谷入江の埋立てを行う．埋立てには神田山(今の駿河台)を削った土砂と西ノ丸の濠を掘り下げた土砂が使われた．このようにして，現在，ビルの立ち並ぶ日比谷，また詩人でもあり駐日フランス大使でもあったP.クローデルに「もっとも美しい景観」[*1]といわしめた桜田濠がつくられたのである．江戸城の石垣は濠を掘った土で盛られた土手の上に築かれているために，和らかな美しい景観を与えている．大坂城，

関東大震災後に，人口が旧東京市周辺地区に集中してきたのに対応して，周辺町村の合併の動きが起きてきた．それには小合併案と大合併案とがあり，小合併案は西と北は山手線の沿線に沿い，東は荒川放水路までとし，だいたい江戸の朱引きの範囲であった．大合併による大東京市の領域は，だいたい現在の東京都23区の範囲であった．昭和7年にこの大合併案による大東京市が誕生する．

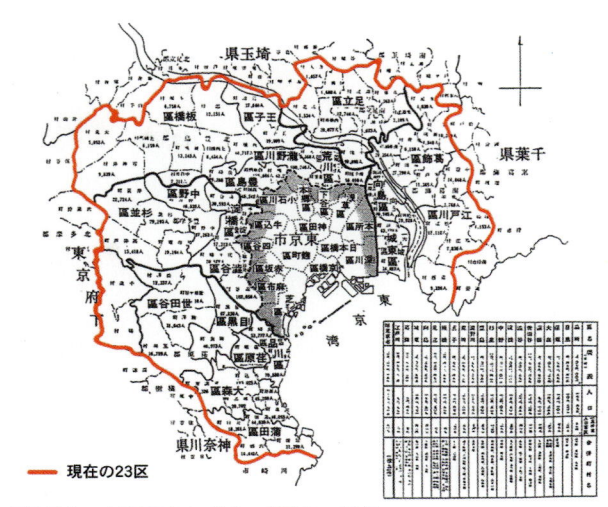

図3-7-3　大東京市の成立　昭和7～18年

3-7-3　桜田門（1994）
江戸城の遺構，展開する濠の水面．水面をもたない都市に豊かさは感じられない．

3-7-4　桜田濠と警視庁（1994）
設計　岡田新一（1979年）．P.クローデルが称賛した江戸城の景観．

名古屋城など，他の城が石垣に接して濠がつくられる構造であるのに比して，江戸城は大らかな築城方法が用いられている．この大きな景観の違いは，注目に値する．

道三堀と日比谷は，片や掘削，片や埋立てであるけれども，この他に多くの濠がつくられるなど，大規模な土木工事が行われて江戸城の防備が固められていった（図3-7-1）．

一方，御三家，譜代，外様の諸大名の巧妙な配藩と，三勤交代による中央集権の政治構造によって，徳川幕府300年の基礎がつくられていった．

家康の江戸入城以来，慶応3年（1867年），15代将軍慶喜によって大政が奉還されるまでの270年の間，明暦の大火（1657年）によって江戸の大半が消失し，偉容を誇った江戸城天守閣までが焼け落ちるなどの災害があったけれども，江戸は安泰な時代を過ごし，江戸の町は発展していった．

江戸城が無血明渡されると，江戸は首都機能を失い，改めて首都をどこに置くか，遷都の論議が新政府によって行われた．新政府の中心であった大久保利通，木戸孝允は天皇の東幸を計り，江戸が首都であるという事実を形成していった．明治元年（1868年），天皇は江戸城に居を移され「東京奠都」を終えるのである*2.

明治政府は，列強に伍して首都を整備するために，銀座煉瓦街計画（当時，市民の評判は芳しいものではなかった），中央官庁街集中計画（ベックマンの設計によるものだが，財政的理由から実現しなかった），丸の内「一丁ロンドン」街，鹿鳴館などの建設が行われたが，それらの計画はすべて単発的なものであり，首都東京をつくる計画的なものではなかった．

明治21年（1888年）には全国に市制が敷かれ，その翌年には「東京市区改正条例」が制定された．この条例は，

3-7-5 一ツ橋濠と首都高速道路（1999）
貴重な水面に対して景観美をデザインする必要がある．せめて埋立てを免れたことは幸い．

3-7-6 千鳥ヶ淵を横切る首都高速道路（1999）
高速道路のデザインは景観に調和させなければならない．

3-7-7 日比谷濠と丸の内オフィス街（1999）
軒高規制31mに整えられた美しく整然とした景観．

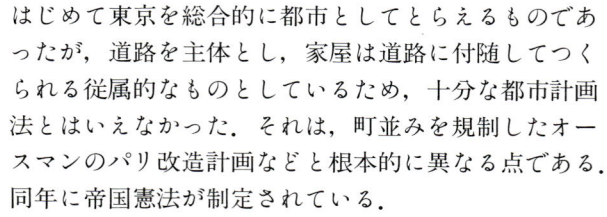

3-7-8 半蔵濠から最高裁判所を眺める（1999）
背後に高層ビルが建ち並びつつある．

はじめて東京を総合的に都市としてとらえるものであったが，道路を主体とし，家屋は道路に付随してつくられる従属的なものとしているため，十分な都市計画法とはいえなかった．それは，町並みを規制したオースマンのパリ改造計画などと根本的に異なる点である．同年に帝国憲法が制定されている．

大正9年（1919年）に「都市計画法」が施行された．この法律によって都市建設の法的根拠が整備されたが，「市区改正条例」と同じように，まず道路や上下水道など土木的構造を計画決定し，そして，それに付随して家屋が規制されるという関係は変わらず，この時の縦割行政は現在にまで引きずられている．

都市計画法[*3]の制定には，当時の東京市長・後藤新平が寄与した．後藤新平はそれまでたびたび大臣を経験する大物であったが，東京市長を引き受けるに当たって「一生一度，国家ノ大犠牲トナリテ一大貧乏籤ヲ引イテ見タイモノ」と東京にかける覚悟のほどを語っている．

大正12年（1922年）の関東大震災は，江戸以来の東京の建家を壊滅的に焼失させた．焦土と化した東京を復興させるために，後藤は内務大臣として，大風呂敷といわれるほど立派な復興都市計画を立案した．立案された計画の中で幅員44m（当初は100mを計画）の昭和通りのみが完成をみたが，それらの業績以上に後藤の真の評価は，東京を新しく組み替える必要を強調したことである．反面，後藤は，「古典的な日本の具体的な風趣を残すことを忘れてはならない」とも述べている．しかし，後藤の夢は不発に終わってしまう．

東京の市域が拡がるに従って，周辺町村の合併という問題が起こってくる．昭和7年（1932年）に江戸の範囲を超えた大東京都が制定された（図3-7-3）．しかし，戦争に突入する非常の時代に入って，東京府全域が東京都

3-7-9　赤坂離宮(1999)
東京の豊かな緑は江戸時代につくられたものを受け継いでいる．

3-7-10　不忍池と上野の杜(1999)
江戸時代，徳川家の霊地．明治維新後に動物園，博物館，公園などがつくられた．

3-7-11　小石川・六義園(1999)
池を中心とする回遊庭園，江戸時代柳沢家の下屋敷．

3-7-12　善光寺坂(文京区)(1999)

となり，官選長官が出現する．それは，昭和18年のことであるが，わずか11年でこれまで都市の形態をもっていた大東京都の都市の形は崩れ，消滅してしまうのである．この辺りの事情を，田村明氏は次のように述べている．

「このときから東京都という区域は，都市というよりも，形の定かでない偶発的な積み上げによってつくられた東京県という区域になる．それは行政区域ではあっても，一体感をもつ都市の市民の都市範囲ではない．」

東京のもつ都市問題はさまざまな面から指摘されている．それらは，際限なくスプロールして都市本来の在るべき姿を失った結果であるが，その根は都市域の拡大を指向した戦中，戦後の都市行政に端を発しているといえるだろう*4．

昭和20年(1945年)，第2次世界大戦の東京大空襲によって，東京は再び焦土と化した．

関東大震災と東京大空襲という二度にわたる災害によって，東京は江戸以来の歴史的遺構(建物)の大半を失ってしまったのである．にもかかわらず，戦後の復興期，および日本の経済が活性化していく興隆期を経て，東京の再興は目覚しいものがあった．建物の集積によって創られた現在の東京の町並みをみる限り，東京は新しい都市といえるだろう．しかし，少し注意深く観察するならば，400年にわたって創られてきた都市の基本的な構造を数多く見出すことができる．桜田濠の景観はそのもっとも見事な場所であるが，神田川など多くの川や濠の水面，駿河台や湯島の切通し，富士見坂，霊南坂などの大地の起伏，江戸城，後楽園，六義園等多くの緑，浜離宮，台場などの海岸線等々，先人達が歴史的に長い年月をかけて築いてきた都市構造があり，その上に新しい都市が創られてきたのである．

図3-7-4 東京市街図

一方，戦後の急速な復興期に首都高速道路の建設を主体とする道路行政によって，堀割がめぐらされた水の都市・江戸の情緒と面影は失われてしまった．そのような歴史的都市構造を消してしまうような政策もみられるけれども，現在の東京には，歴史的土台の上に築かれてきた都市の活力をみるのである．そして，このような輪廻によって，江戸から東京へ受け継がれる文化が生まれてきたと考えるのである．

中曽根政権時代の国鉄の民営化は，英断による改革であった．国鉄は各地のJRと国鉄清算事業団に分割され，事業団を通して広大な国鉄遊休地が民間に放出されることになった．それらの土地は都心の一等地にあって，それらをどのように再開発していくかはその都市の将来の姿を決める重要な要素を含んでいる．それらは戦災によって生じた空き地に新たな都市計画が行われたのと同じような，貴重な機会を都市に与えるものである．現在進行中の諸計画は，実りある都市像を結ぶ方向にあるとは思えない．それがどのような結果をもたらすのか，戦後50年を経てようやく本格的な都市整備に入っているロンドンやベルリンの事例に目を注ぎ，他山の石とすることも無駄ではないだろう．

*1 ポール・クローデル日記
*2 「京都市民の感情を慮って，"東京遷都"とはいわずに，"東京奠都"という言葉が使われた．奠都とは，単に都を定めるという意味で，遷都とは違い，とくにどこかから移したとは言わない」*4
*3 大正9年(1919年)に制定された「都市計画法」は，半世紀を経て昭和43年(1968年)に全面改正された．
*4 参考文献：『江戸・東京のまちづくり物語』田村明／時事通信社

3-7-13 新宿御苑の並木(1999)
市民の憩いの場.

3-7-14 新宿御苑(1999)
国家の行事に使われる御苑は市民の憩いの公園でもある.

3-7-15 新宿御苑の森(1999)
新宿副都心の足元にこのような森がある.

3-7-16 後楽園(1999)
水戸・徳川家の江戸庭園.

3-7-17 浜離宮(1999)
徳川将軍家の鷹場,海水を引いているため潮の干満により水位が上下する.

3-7-18 台場(1999)
東京湾岸は開発されつつあるが,台場は貴重な歴史的遺産である.
新旧の調和が楽しい.

3-7-19 臨海副都心(1999)
ビルが建ち並びつつあるが,レクリエーション,憩いの水辺として多くの市民を集めつつある.

3-7-20 中防埋立地(1997)
埋立てによって島がつくられていく.

第3章 首都はどうつくられてきたか〈江戸・東京〉 65

第4章 なぜ，安易に首都移転論が語られ実行されようとしているか

私たちの生活環境である都市が，ますます住み難いものになりつつあることを多くの人は感じています．かつて身近に買物ができた住居地域の中心商店街の空洞化，親子代々が住み続けることを否定する税制（相続税），遠隔の地にしか住宅を獲得することのできない住居政策，住宅街にまで入り込んでくる車公害，子供たちが安心して遊べる原っぱ（公園）の消失など挙げれば切りがありませんが，多くの人が何とかならないかと考えるこのような状況が，改善される兆しがみられないまま時間が経過していきます．

この閉塞感は，私たちの生活する都市環境のみではなく，政治・経済・教育・文化あらゆる分野における問題ですが，そこには共通した原因があるように思われます．

都市の住環境をつくっていくには，各種の法律や施策が必要です．土木，建築，都市に関する法律のみでなく，固定資産や相続に関する税制，大店法等の商業規制，交通・消防等の日常生活に関する規制，医療や介護の制度等々さまざまな規制によって私たちの住環境は整えられていくのですが，それらによってつくられた都市が住み難いものであるということは，それら規制の構造とそれらの組み合わせ，即ち仕組みに欠陥があるゆえと考えられます．

第一に，昔に決められた法律がそのまま残り，その上に個々の規制や法律が積み重ねられているからです．その結果，旧態な規制が基本的制度として現在も施行され，それが，がんじがらめの規制になって，私たちの生活環境をつくっていく活力がそがれてしまうのです．法制の衣替え，仕立直しといったことが，こと行政規制・法律に関して行われたことがありません．

たとえば都市を創る基本的法律である都市計画法は，大正9年(1919年)に制定された基本法に改訂を重ねてきたものですし，建築を設計する基本法律である建築基準法は，大地震の折に耐震規準が強化されるのみで，戦後昭和25年(1950年)に新制定されたまま50年間，基本法を変えていません．根本を検討することが後に回され，個々の問題にのみ対処する対症療法的修正のみが加えられる．その結果，法律の集大成は膨大なものになりながら整合性をみない，いや，食い違いさえ生じているという結果になっています．成長発展を遂げながら代謝していく都市に対しては，古い規制は棄て，新しいものに換えていく，そして少ない規制によって，むしろ少ないがゆえにより整合された自由度の高い規制によって，都市は創られていくべきであると考えます．

第二に，各種の施策や法律が個々に制定・施行されていることに，有機体（集住体）である都市における市民生活がうまく機能しないことの大半の責を負わせることができましょう．

人々が住み着く町，親子代々が住み着いて近隣関係がつくられる町の必要条件は，その佇まいが変わらずに，年とともに深まっていく住環境の安定性にあります．住む人の記憶にとどまる

家並みが定着していることが第一の条件ですが，相続税はそれを許しません．「親子3代で家はなくなる」といわれるように，税制が定住都市環境を継承していく大きな妨げになっているという面があります．法律が関連性なく別個に制定されるのでは，目的とする定住都市環境はつくられません．それどころか，相互に関連をもたない制度が都市を破壊するといっても過言ではないのです．

第三に，法律や規制に関わる制度の立案が，その場の問題に対応して個別に決められてきたということが整合性を欠く事態を生んだのですが，それは規制緩和においても個々の法律の撤廃のみを求めるという事実に現れています．規制緩和は単に規制を外すという単純なことではなく，時勢に合わなくなった状況に対して整合性を求める修正とみるべきでしょう．

首都移転問題も，一人の有力政治家が思いつき的に言い出したものです．思いつきといってしまっては失礼ですから，もう少し説明を加えますと，オイル・ショックの経済失調の時代に，経済活性化のための政策として，土建事業と密接な関係をもつ新首都建設という国家的大事業を口にしたことが，首都移転の引き金になったとみることができます．田中角栄元首相の列島改造論と軌を一にします．列島改造計画は実現されて，全国にわたる高速自動車道路網や，新幹線をはじめとする交通網を完成させる大きな力となりました．それは大きな功績といえますが，一方で，日本社会に都市を舞台とする不動産，土建産業のバブル現象を引き起こし，結果としてバブル崩壊の現状につながっていったことは記憶に新しいことです．

その結果，地方都市においてはミニ東京を目指す都市開発が行われるようになり，昔から続いてきた地方の特徴が失われ，地方都市は衰退していきました．首都移転論の初期の動機には，このような列島改造の焼き直しのような匂いがするのです．

強い権力をもつ人の思いつき的な発言には，多くの人が飛びつき賛同するものです．そして多くの人々が首都移転政策を補強しはじめます．具体的政策を進めていく行政も，根本的な首都のあり方を深く極めるでもなく，行政機構の日常的業務として政策を固めていくのです．このような技術にかけては日本の官僚機構は見事な能力を発揮するので，かなり無理な，難のある立案でも，実現へ向かって動き出します．流れに乗った政策に対しては，たとえ疑問をもった識者であってもあえて反対を唱えない，というのが現在の日本の社会ではないでしょうか？

制度というものは，「目的は何か」「何をつくるか」というビジョンがまずあって，その中の問題として各種の法律や制度がつくられなければなりません．究極のビジョンを把握せずに，目前の欠陥的問題のみに対する局部対処では「木を見て森を見ず」の諺通り，理想とする姿に近付くことはできません．

結論としていえることは，首都という統合ある総体を日本という国に位置付けて考察し，イメージを描き，ビジョンを打ち立てた上で，首都問題は実行されなければなりません．

ところが，そのようなプロセスに欠けた首都移転問題が進みつつあるというのが現状です．トータルなイメージを描き，ビジョンを打ち立てる，そのような指導者を現在の日本は欠いているということです．個々の問題を個々別々に，個々の立場の人達または機構が考えるという域を脱していないのです．これは，地域エゴ，職能エゴ，専門エゴ，そして縦割組織の弊害につながります．

第5章 首都はどうあるべきか

日本の平和憲法は国民が誇りとする素晴らしい憲法である，と私は考えます．
21世紀，そして22世紀以降，日本が国際社会の中に確たる存在を遂げていくには，平和憲法を支えとし，産業・文化などにわたる知的，人的活動が隆盛し，国際社会の平和に貢献していくことがもっとも重要な背景になります．そのような貢献度の高い情報を発信するもっとも大きな発信源となるのが，首都ではないでしょうか．もちろん，地方からの発言も含めて，日本総体の存在が国際社会に発信していくわけですが，何といっても首都からの発信のもつ比重は大きいのです．

優れた首都を創造し，国民共有のものとしてそれを所有すること，世界各国から都市の規範的モデルとして多くの人が訪れる美しい首都をもつこと，現在パリが多くの人々を世界中から呼び寄せているように世界の誇るべき財産となるような首都をもつこと，それは日本の，何ものにも代え難い最強の武器になると考えるのです．美しい首都が大きな情報発信力をもつことを世界の首都は示しています．

ところで，織田信長は狩野永徳に一対の屏風として「洛中洛外図」を描かせ，上杉謙信に贈っています．屏風絵の中には克明に京都の街の様子が描き込まれているのですが，描かれた社寺，主要な建造物は二百数十に及ぶ繊細華麗なもので，そこに生活する人々の姿まで生き生きと描かれています．信長はこの絵を贈ることによって，京都の街はこのように立派で庶民は平和にひたっている，謙信が京都を侵す隙はない，ということを示したのです[*1]．

信長は本能寺で非業の最後を遂げましたが，京都は第2次世界大戦の危機を超えて歴史ある姿を今日に伝えています．時代は異なりますが，平和の武器としての都市の姿を示す事実として，私たちは真剣にこのことを考えるべきであると思うのです．平和憲法の宣言と，それを裏付ける平和都市としての美しい首都とを併せもつとき，日本の国際社会への発言は重いものとなり，いよいよ発言力は強まるものと考えるのです．

先に挙げたブラジリア，キャンベラ，ワシントンD.C.，パリ，ベルリン，ロンドン，そして東京を加えて，優れた多くの都市は明瞭なコンセプトをもつマスタープランによって律せられています．

それらの都市に共通することは，"都市を創るコンセプト"が明瞭に存在するということです．それらの都市がつくられた往時の支配者(計画者を含めて)のコンセプトが核となり，後世，都市に改造が加えられた折にも，その時の指導者によって初原のコンセプトが補強されていくというプロセスをとり，その流れが現在に至るまで(そして将来にわたっても)連綿と続いている，ということを第3章の各国首都の歴史的事例でみてきました．

コンセプトが継承され，発展しながらも続いていくということは，統合ある総体としての首都

を創る第一の条件です．

統合(インテグレーション)というものは会議で決まるものではなく，優れた個人の英知によって方向付けられ，それに対する多くの人々の協力によって完成をみるものです．都市がつくられてきた史実は，そのことを物語っています．現代においても，統合された都市をつくるには，同様のプロセスをとらなければなりません．そのためには「統合された都市としての首都計画」をコンセプトとする計画を作成し，それらを国民的視野で比較検討し，**将来の日本の姿と併せて採択**していくという方法が採られるべきと考えます．将来の日本の姿に重ねてみるという批准を行うことが，非常に重要なことになります．実現容易な近未来をイメージしたものでは不十分です．多くの規制を考えるとこの程度のものしかできない，というような実現可能な近未来を視野に置いた計画では，数世紀にわたって日本を代表し，未来社会へ声明を発する強力な都市は生まれません．

進歩的な人達の間には，技術革新は日進月歩で，1年先の見通しは立て難いものであり，したがって世紀にわたる見通しを立て，マスタープランを立てるのは不可能であるという考え方があります．後の章(第13章)で詳しく述べますが，高度技術，情報技術などのハイテクノロジーに関しては，その意見はもっともなことですが，「都市」に関しては革新のスピードはハイテク社会の流れとは対照的にゆるやかで，むしろ変革度が低く定着度の高い都市ほど優れた都市であるという見方があります*2．

このようなベーシックな領域ではマスタープランをシステムとして立てることは可能であり，国の将来の姿と首都のビジョンとを重ね合わせておくことはもっとも重要なことと考えます．それには，システム・マスタープラン(第6章参照)を導入することによって，300年にわたる長期計画と100年内の近未来計画とを同時に存在させることが可能になるのです．

「統合ある首都計画」が多くの識者，指導者達によって提案され検討されるのを期待するのですが，移転による首都づくり計画は，第2章で述べた理由によって統合性に欠けるため，首都を創る議論から外します．「首都移転」によっては私たちが期待する優れた首都はできないのです．

まして，最近いわれている「首都機能移転」では，統合ある総体であるべき首都を分解することであって片輪なものにしかなりません．一方，首都機能をもぎとられた東京は片肺を欠いた不完全な都市に堕していくでしょう．

---

*1 『日本の空間構造』吉村真司／鹿島出版会／P93〜
*2 参考文献：
　『自画像としての都市』井尻千男／東洋経済
　『幻想の都市──ヨーロッパ文化の象徴的空間』饗庭孝男／新潮社

第6章 東京改造による新首都計画
〈新首都東京2300計画〉

20世紀の工業社会から，21世紀は脱工業社会(ポストインダストリー)へ進むだろうということがいわれています．それは，工業生産による利益を追求する社会から知的文化活動における付加価値を認める社会への移行を意味し，エレクトロニクスの進歩による情報化社会では，脱経済へ向かって進んでいきます．

ハイテクノロジーに支えられた情報技術の驚異的発展によって，情報・金融証券関係の社会には革命的な変化がもたらされました．急激な国際化，強者必勝，一人の勝者が世界を席捲するという，これまで私たちの社会には存在しなかった状況が発生し，その結果，金融ビッグバンによる対策が求められることになりました．そして，これから顕在化するものとしてプライバシーの侵害等，新しい世界の流れの中にただよう個人の問題が現れてきます．

19世紀の産業革命に続く情報革命によって幕をあける21世紀の社会では，脱経済，即ち利益至上主義から社会倫理主義へ向かうであろうと考えます．

このような趨勢の中で，改めて「都市」が認識されなければなりません．都市は，人間としての市民が生きていく基本空間を用意すると同時に，知的活動を可能にし，それらを統合する集積体です．ヨーロッパやアメリカの都市社会が，長い歴史の変遷を通して築いてきた良質の都市に重ねて，それと共存する新たな情報社会を構築しつつある様子にみられるように，都市というものを改めて大きな付加価値対象としてとらえていくことが重要です．

次代は，エレクトロニクスによるハイテクノロ

ジー化の進行に呼応して，歴史を伝承する都市環境を創造するテクノロジー(あえてそれをロウテクノロジーと呼びますが)の基本的価値を認識し，それらが併存する社会をつくっていかなければならない時代であると考えます．そこでの都市は制度，概念，観念上の都市ではなく，人々が定住し得る実体としての都市であり，いわば**もの**として存在する都市を堅実に創っていく行動が求められます．

ここで呼称した「ロウテクノロジー」という語は，「ベーシックテクノロジー」と置き換えた方がよいのかも知れませんが，**ものづくり**の視点から創られる「都市」を，新たな産業の対象として認識する必要があります．それは，先にも述べたように，経済性を追求することから脱し，知的文化的な付加価値を求める「**都市産業**」(第13章参照)というべきものでありましょう．

都市に対するこのような考えの延長線上に，日本の諸都市がどのようにあるべきか，どのように安定した定住都市環境をつくるべきか，そして本書のテーマである首都のあるべき姿の問題があります．

現在の，歴史の重みに支えられながら見事に整備され，世界有数の美しい皇居周辺の都市景観をもつ国会周辺に新たな手を加えて，次の世紀に評価を受ける景観形成を行い，東京を舞台とする新首都建設，および地方分権による個性ある地方都市を創造することは，大変に重要な日本の決断です．そのようなモデル都市を創ることが，経済の活性化と国民生活の豊かさへの実感へ近付く道であると考えます．

移転による新首都が，東京に比べて良質な都市になるとはまったく考えられません．それは荒唐無稽な考えです．行政改革と地方分権によって東京都心を中心とする新首都建設，ならびに地方都市の整備を併行して進めるべきであり，首都移転をイコール官庁組織改革や東京の過密解消問題と同一視するような混同をすべきではないのです．

現在の，政治レベルでの都市論議では，思いつき的な限定された問題が都市政策として独り歩きしてしまう危険性があります．首都移転に関しては，東京過密，災害不安，行政改革，地方分権などが主たる動機として挙げられています．それら個々の問題は，確かに非常に重要な要素ではありますが，それらは移転の必然性に結び

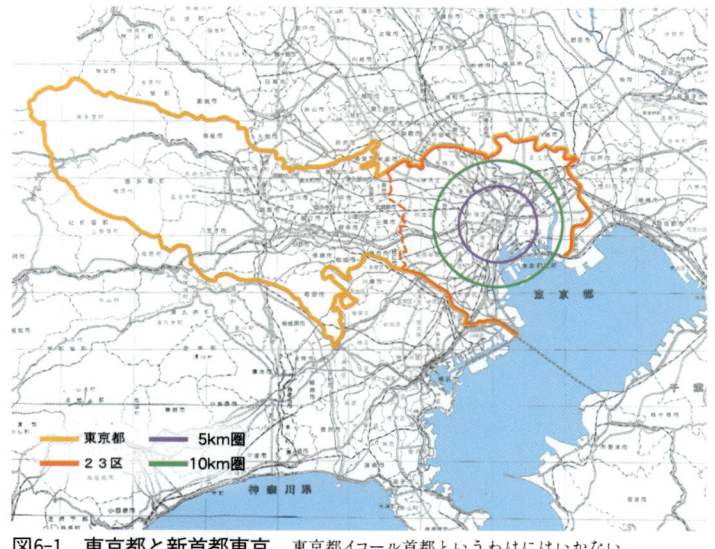

図6-1　東京都と新首都東京　東京都イコール首都というわけにはいかない．

つかない負の動機なのです．別個のバラバラの問題ばかりです．それらの諸問題は統合されなければなりません．専門家による総合的な都市政策が立てられ，首都の建設体制が一つに組織されなければ，数世紀にわたって機能する統合されたマスタープラン（それは形を示すものでなくシステムを示すシステム・マスタープランであるべきです）がつくられるはずもなく，次の世代の国民が期待する新首都を建設することにはなりません．

現在の官僚機構の中で，誰が，またどのような機関が新首都の絵を描き図を起こすのか，ということを考えると，もっとも重要なイメージ，ビジョンを描く機構を現政府はもっていないことに気付きます．縦割行政組織という仕組みでは，統合された計画をつくることははなはだ難しく，ほとんど不可能であるといい切ってよいでしょう．各国の首都がコンペによって優れたグランドプランを求め，そこを出発として首都建設が行われたような，国家的事業として国民に開放された取組みが行われていません．

新しい首都は，優れたビジョンから明瞭なイメージが描かれ，そこから導かれるものでなければなりません．新しい首都計画，それは現在一般に使われている意味のマスタープランまたは計画などというものではなく，イメージの描ける，いいかえれば，システムとしてのマスタープランがまず立てられなければなりません．

次に，歴史ある東京に重ねられた付加価値の高い新首都東京こそ，求められるべき首都であるという確信のもとに，新首都東京のシステム・マスタープランを提案します*1．

1.〈新首都東京2300計画〉

〈新首都東京2300計画〉のシステム・マスタープランは，1枚の紙に描かれた地図です（図6-6）．建物も道路も公園も，用途地区割も，具体的な姿形を示す何ものも描かれていません．それがシステム・マスタープランに相応しい姿なのです．もし，そこに具体的な何らかの形（たとえば地区割や，そこに建てられる建物の姿）が描かれていたとすれば，それはごく近い将来には陳腐な時代遅れの，変更を余儀なくされるものになりましょう．具体的なものを示していないからこそ，100年，200年にわたって生き続けることの

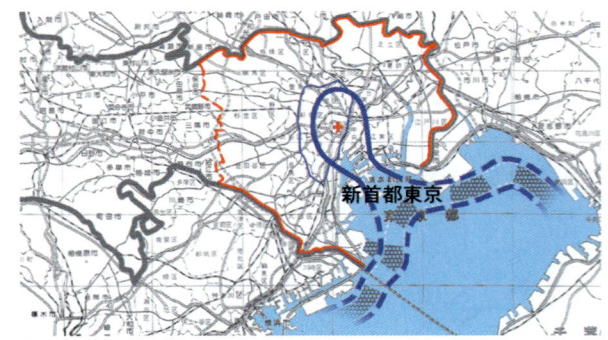

図6-2　リアル都市

図6-3　バーチャル都市

1. 〈新首都東京2300〉2000年

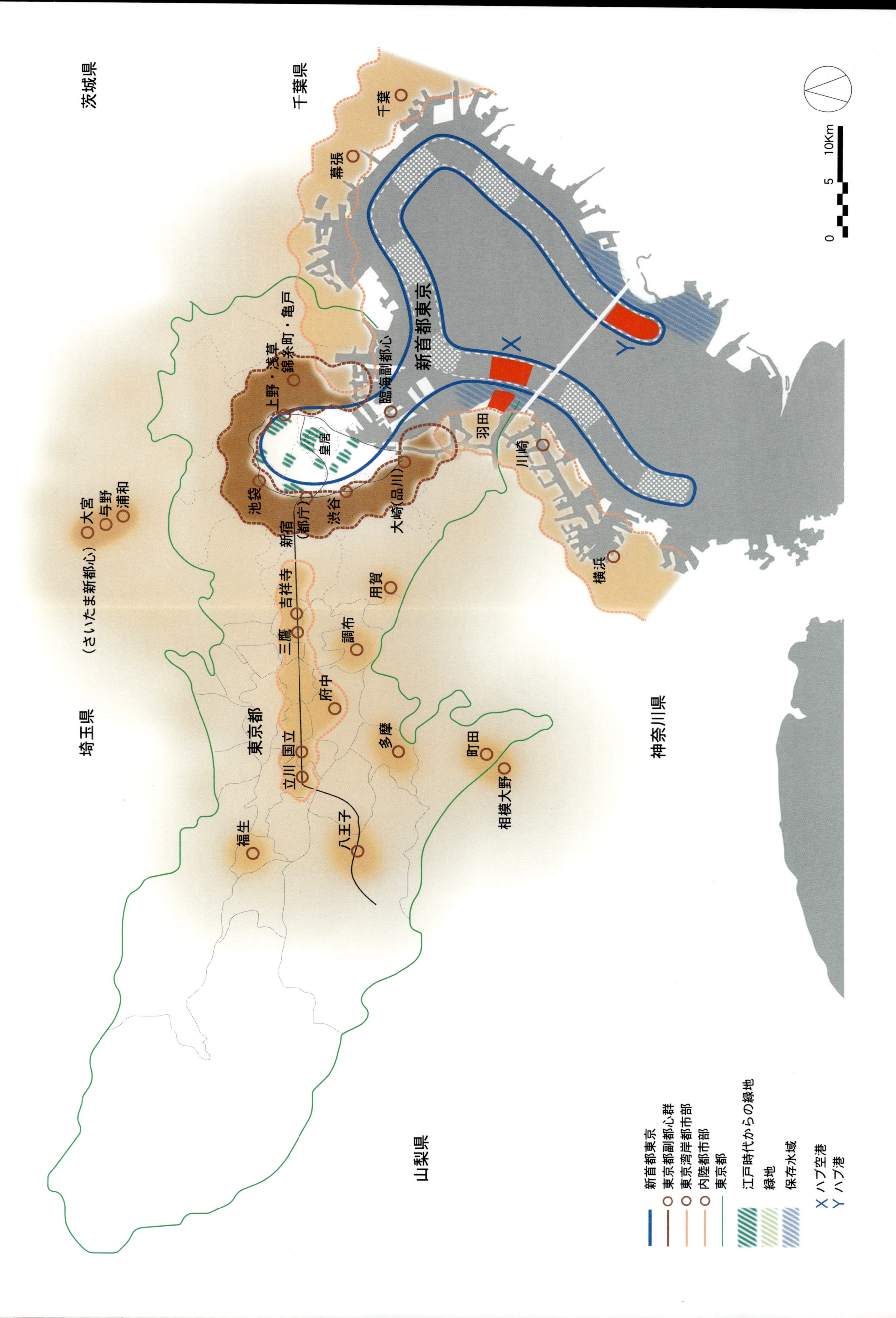

茨城県
千葉県
千葉
幕張
新首都東京
臨海副都心
上野・浅草
錦糸町・亀戸
皇居
池袋
大宮
（さいたま新都心）
与野
浦和
新宿（都庁）
渋谷
大崎（品川）
羽田
川崎
横浜
吉祥寺
三鷹
用賀
調布
府中
国立
立川
多摩
町田
福生
八王子
相模大野
埼玉県
東京都
山梨県
神奈川県
千葉県

X
Y

0　5　10Km

凡例：
- 新首都東京
- 東京都副都心群
- 東京都湾岸都市部
- 内陸都市部
- 東京都
- 江戸時代からの緑地
- 緑地
- 保存水域
- X ハブ空港
- Y ハブ港

〈日本再生のための首都計画〉2000年

1. まず首都としての領域を設定し、国に直属する領域とする。当初は首都としての領域を制定するのみで首都として機能する。即ち、建設コストをかけずに首都を創ることができる。財政再建が急務の世紀末には、経済再建に先走ったさんなる公共投資を慌てて行うよりも、計画性のある投資を効果的に行うことが大切である。

2. 東京湾ウォーターフロントとは、2km幅の水域によって分離する水域を残すことによって、東京湾の陸に接するウォーターフロントをこれ以上埋め立てせず、東京湾岸の環境破壊に歯止めをする。

3. 内陸部5都県（神奈川、埼玉、茨城、千葉、東京）の諸都市は、地方分権の対象として定住都市を目標に整備する。

4. 首都にはまず国の政治の中心としての機能をもたせる。次世紀に予測されるグローバル化の時代に対応して、国際政治（アジアをまず重点として）の中心的場となる機能をもたせる。その他新たな首都機能の受け皿として、バーチャル首都水域を目的に応じてで埋め立てで先行する。

5. 埋立島は公有地とし、建物を公営および民営により建設する。廃棄物処理は重要な問題である。ゼロエミッションの技術は着々と進められているとはいえ、当分最終的な廃棄の問題が生ずる。埋立島はそのための受け皿ともなる。

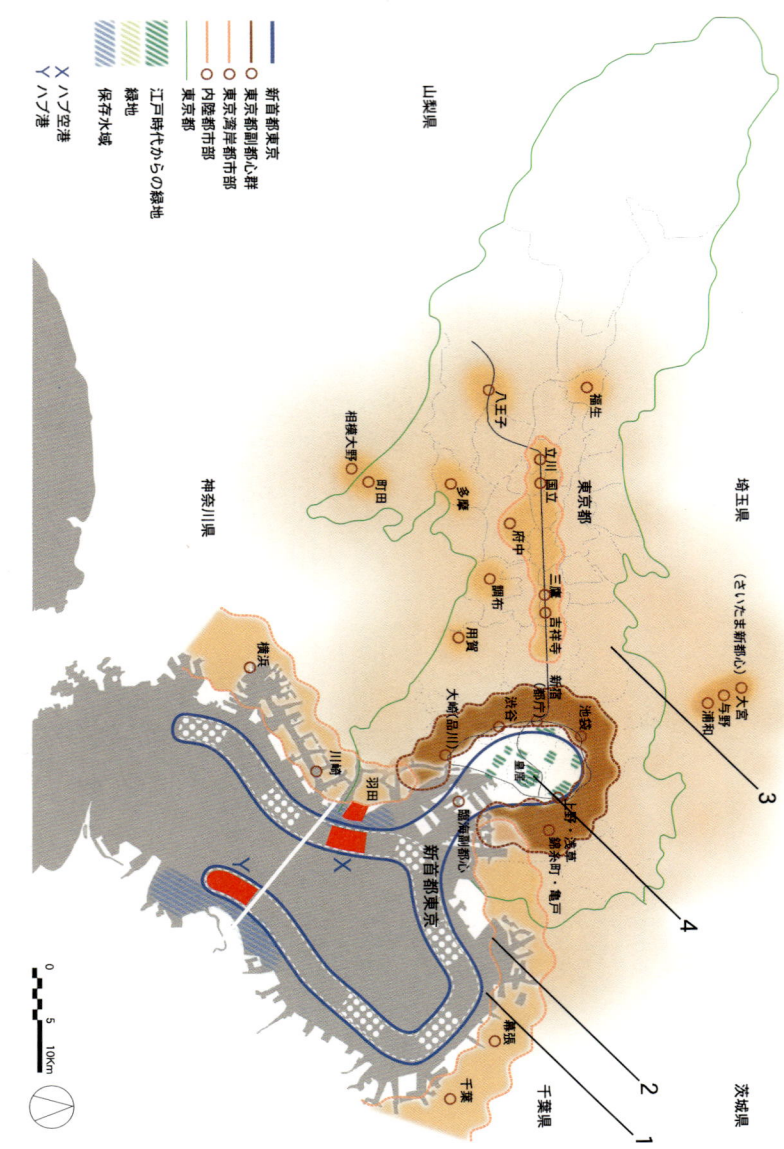

解説1 〈新首都東京2300〉2000年

― 新首都都心群
○ 東京湾岸都心群
○ 内陸都市部
▨ 江戸時代からの緑地
  緑地
  保存水域
X ハブ空港
Y ハブ港

2.〈新首都東京2300〉2000〜2100年

- 新首都東京
- 東京都副都心群
- 東京湾岸都市部
- 内陸都市部
- 東京都
- 江戸時代からの緑地
- 緑地
- 保存水域
- X ハブ空港
- Y ハブ港
- Z グローバル・ガバナンス・アイランド

〈日本再生のための首都計画〉2000〜2100年

1. 首都水域（ヴァーチャル首都領域）の中に目的に応じて埋立島をつくる。
   X　羽田沖ハブ空港
   Y　東京湾物流ハブ港
   Z　国際政治拠点／グローバル・ガバナンス
   他　等々

2. 埋立島には低密度都市型公共賃貸住宅を建設し，首都機能施設と都市型住宅を混在（職住近接）させる。

3. リアル首都領域に対する施策
   中・低密度都市型公共賃貸住宅の建設を誘導する。それには埋立島へ移転した公営住宅跡地ならびに建築容積割増分を公有のものとし，増床分を都市公共賃貸住宅の建設にあてる。

4. 新首都領域と向かい合うベルト状副都心群は，業務，商業，都市住宅の混在する活性度の高い領域となる。

凡例：
- 新首都東京
- 東京都副都心群
- 東京湾岸都市部
- 内陸都市部
- 東京都
- 江戸時代からの緑地
- 緑地
- 保存水域

X　ハブ空港
Y　ハブ港
Z　グローバル・ガバナンス アイランド

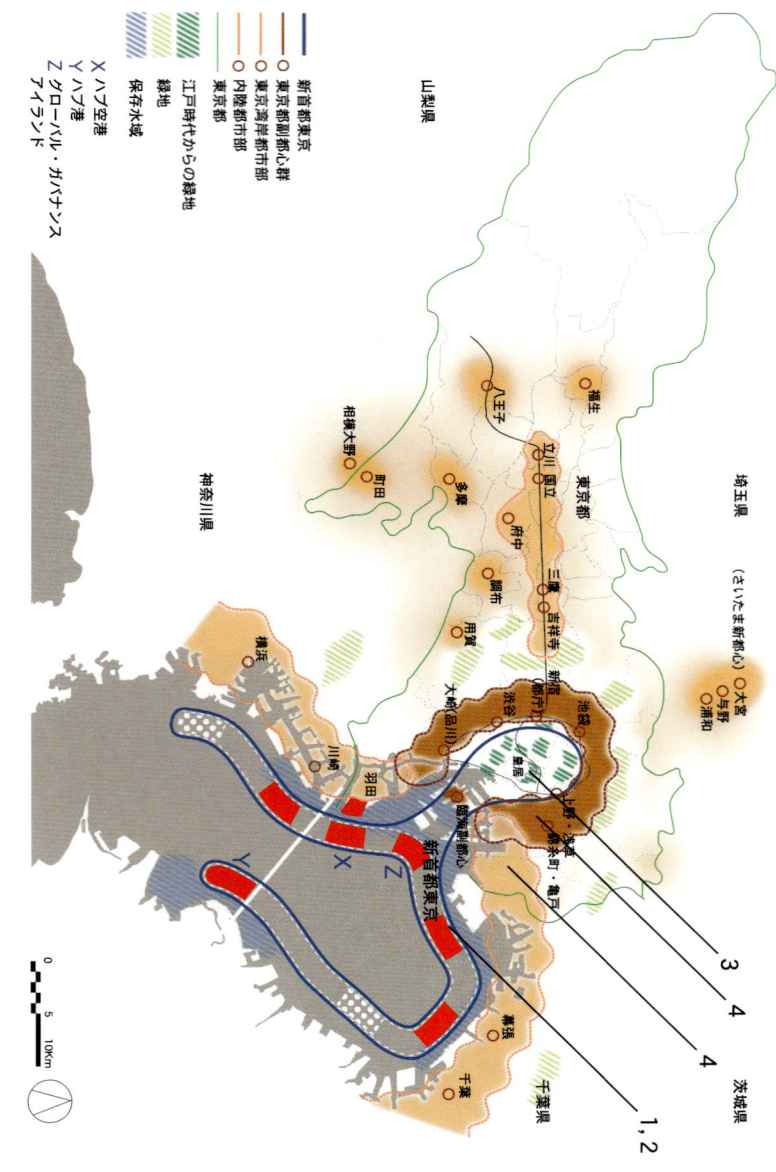

解説2　〈新首都東京2300〉2000〜2100年

3.《新首都東京2300》2100〜2300年

茨城県
千葉県
　千葉
　幕張
埼玉県
　大宮
　与野　（さいたま新都心）
　浦和
新首都東京
上野・浅草
錦糸町・亀戸
臨海副都心
皇居
池袋
新宿（都庁）
渋谷
大崎（品川）
羽田
川崎
横浜
吉祥寺
三鷹
調布
用賀
府中
多摩
東京都
立川
国立
町田
相模大野
福生
八王子
神奈川県
山梨県

X ハブ空港
Y ハブ港
Z グローバル・ガバナンス　アイランド

― 新首都東京
― 東京都副都心群
○ 東京湾岸新都市部
○ 内陸新都市部
○ 東京都
　 江戸時代からの緑地
　 緑地
　 保存水域

0　5　10Km

〈日本再生のための首都計画〉2100〜2300年

1. 新首都と既存東京湾ウォーターフロントとの間には2kmの幅で水域を残す。これによって、ウォーターフロントの陸地側の埋立等によるウォーターフロント破壊に歯止めをかける。また、新首都の埋立島は環境創造技術を用いることによって東京湾の自然回復と保全（ミティゲーション）を計る。

2. 第2次世界大戦後の荒廃復興のために量を競って建てられた公営住宅は、質も十分なものでなく、すでに老朽期に入っている。この膨大な量の住宅の建替えは遠からず大きな社会問題となる。現状では建替え用地が不足し、建替え不可能な状況である。
この解決のために、新首都埋立島における職住混在の新都市建設は、効果ある将来的な新しいタイプの都市住宅建設として対応し得る。
内陸都市部の公共住宅が新首都へ移転した跡地は、緑地、公園等とし都市部に空間的ゆとりをもたらせる。防災避難空地としても有効である。

3. 内陸部諸都市では地方分権を強力に推進する。
連帯する都市群は都市再編の対象とする。
例：さいたま新都心（大宮、与野、浦和）
　　中央線沿線新都市（立川、国立、武蔵野、三鷹、吉祥寺）

4. 都市間には緑地を多く残し、都市のエッジを明瞭にする。都市の連帯（スプロール）は避ける。

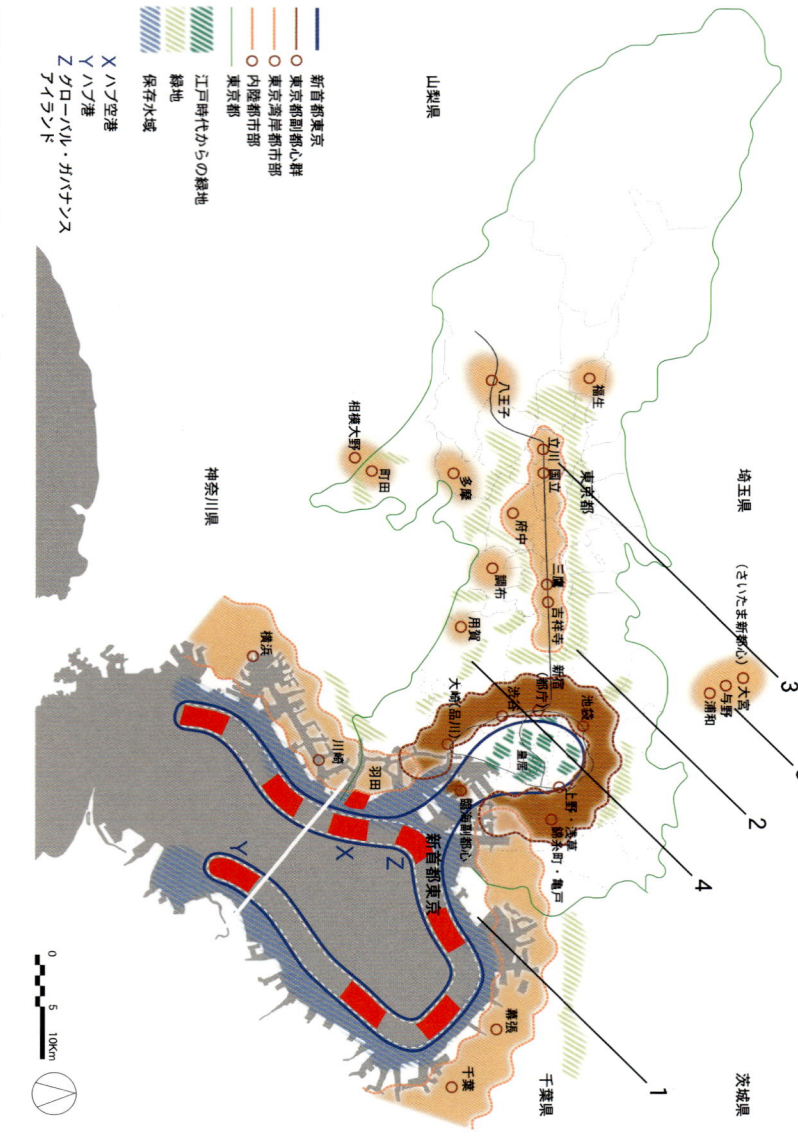

解説3　〈新首都東京2300〉2100〜2300年

凡例：
- 新首都東京都心群
- 東京湾岸都市部
- 内陸都市部
- 江戸時代からの緑地
- 緑地
- 保存水域

X ハブ空港
Y ハブ港
Z グローバル・ガバナンス アイランド

できるマスタープランとしてシステム的に適応されるわけです．新首都東京を創る上でのもっとも重要な事項のみがこの図には含まれています．したがって，これはシステムを示すマスタープラン，即ちシステム・マスタープランです．都市や建築をデザインする折にまず最初にやらなければならないこと，それは「錯綜し複雑な事物の問題点を解明し，その解決を図(ダイヤグラム)に示すことである．次にそれらの図をデザインの形に導くのである」*2 という原則がありますが，この図はまさに，S.シャマイエフの説く図(ダイヤグラム)に相当します．この図から，100年を単位とする長期にわたって有効なさまざまな都市計画がもたらされるのです．

〈図6-1〉は，新首都東京の領域の設定を示しています．第2章2でも示したように，首都移転論では，東京都や首都の領域設定に対する把握が曖昧なまま，東京のもつマイナス面とそれに対する移転のプラス面が論じられたので，問題の扱いが混乱してしまいました．〈新首都東京2300計画〉では，まず首都の領域を新たに，明確に決定することからはじめます．それがシステム・マスタープランの骨子となります．

新首都領域は，現在の首都機能を包含する山手線の内側の区域(フランスの首都パリの面積763 km^{2}にほぼ同じ617km^2)と，東京湾の沖合2 kmに幅2 kmで木更津から横浜に至る長さ60km(または80km)の海面を新首都東京の領域として決定します．

徳川時代の江戸は，山手線より少し内側の範囲を江戸城下町としました．「本郷もかねやすまでが江戸のうち」といわれたように，本郷3丁目に店を構える「かねやす」から外側の町は江戸の外でした．現在の首都機能は昔の江戸の範囲内に納まっているので，新首都東京計画では山手線内側(300〜500m内側)を首都領域とします(図6-2, 4)．これは現実の都市(リアル都市)ですが，東京湾上に設定された幅2km×長さ60km(80km)の海域は土地と呼べる何ものも見当たらない水域ですから，これを仮想都市(バーチャル都市)と呼ぶことにしましょう(図6-3)．

新首都東京はこれら二つの，リアル都市とバーチャル都市が組み合わさって，一つの新首都東京という新しい自治体組織を構成します(図6-6)．バーチャル都市は既存の千葉，船橋，東京，川崎，横浜等多くの自治体の前面に位置し，それ

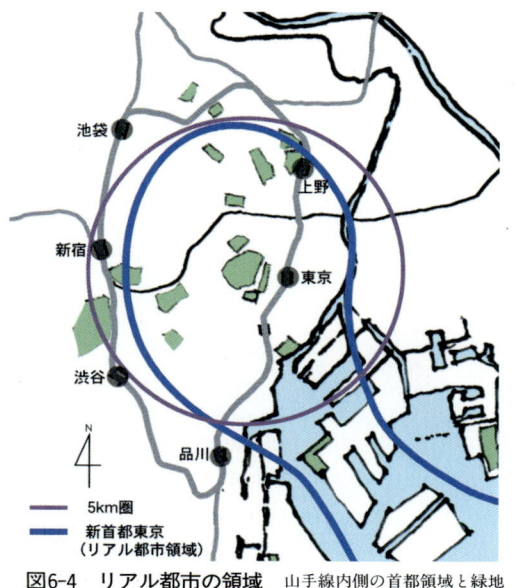

図6-4　リアル都市の領域　山手線内側の首都領域と緑地

ぞれの都市に深く関わる都市機能をもたせます．また首都という国に関わる性格をもつために，新首都東京は国に直属する自治体であるという属性を併せもちます．

東京湾岸の現状をみると，湾岸の各自治体はそれぞれ独自の長期計画によって行政を進めているので，貴重な東京湾ウォーターフロントは埋立てを含めて，整合されないバラバラな開発が行われ，いわば乱開発の状態です．各自治体の参加による調整会議（東京湾岸7都県市長会議）が開催されているのですが，それが十分機能しない結果が，現在の東京湾岸の乱開発なのです．それを調整するためにさらに上位の，国に直属する組織をダブらせておかねばなりません．バーチャル都市を存在させる狙いはこのようなところにもあります．

また，東京湾は東京にとってはもちろんのこと，日本国民にとっての貴重な天然資産です．海域が国によって管理されているように，東京湾とそのウォーターフロントは国による強力なコントロールを必要としています．現在，陸地部分は自治体に所属し，都市計画法と建築基準法によって律せられています．一方，ウォーターフロントの水域は運輸省港湾局によって管理されています．そのようにウォーターフロントに対しては，管理主体がバラバラであり，このような縦割行政による管理は規制（それは規制緩和という大きな課題の対象となっている）にこそなりますが，国レベルの強力な管理調整の役割を果たしていません．海域の自然環境保護という面をも含めて，貴重な国民の資産である東京湾を統合的に計画するには，バーチャル都市のような，国レベルの統合機構によるコントロールを導入することのできる領域を挿入する必要があります．

次に，現在，水域でしかない仮想都市（バーチャル都市）をどのように現実の都市としてリアライズし，新首都を創っていくか，その方法が述べられなければなりません．

それは次のような構造をもちます．東京を中心とする千葉，川崎，横浜につながる東京湾岸の弧状地帯に設定された幅2kmほどのベルト状地帯に，国による埋立てによって公有地としての埋立島を造成し，それらを公有地として活用します．所有形態を民有に変えず，即ち地価に転換せずに新首都の建設を行います．日本が現

6-1 台場（1999）
歴史的遺構の周辺水面は穏やかである．

6-2 東京湾のゴミ捨て場（中防埋立地 1997）
都市廃棄物の処理場を用意しておく必要がある．

6-3 副都心リゾート（1999）
埋立地につくられた都市は，臨海副都心というよりもリゾートという趣がある．

状から立ち上り新生を求めるには，画期的決断が求められているのが昨今の状況です．その切迫した日本の状況を考えるときに，土地に流動性をもたせないくらいの決断が求められて然るべきと考えます．日本のいままでの繁栄の原動力であった東京集中の力を，明日の日本のコミットメントに転ずるには，このようなマクロ的視野から決定される国費の投入が求められます．新首都東京の埋立島は公有地として確保されなければなりません．

ベルト状のバーチャル都市は，河川および内陸側の水域を保全するため，ベルト地帯は連続したものではなく，水域によって必要な部分を切られた状態になります．

このようにしてつくられた敷地に対して，環境容積300％*3の都市を計画する――それがバーチャル都市の現実化（リアライゼーション）です．埋立島の中には，まず新首都が求める首都機能が建設されるべきでしょう．たとえば，首都国際基幹空港，基幹貿易港，国際化時代を迎えての国際機関，ハイテクノロジー研究機構等々，時代の要請によってさまざまな機能が位置付けられることになりましょう．また，同時に重要なことですが，21世紀に相応しい面積規模をもつ都市型住宅，業務，商業，行政，文化等の諸々の都市施設，および公園，緑地，水際リゾート等を含めた混在型の都市を展開することによって，これまでの概念をくつがえす新しい都市が創られます．それらが連帯し，歴史が深く美しい景観をもつ皇居周辺の首都機能と併せ，新たな首都が形成された折には，世界の人々の大きな注目を集める美しい首都をもつことになりましょう．

2.〈新首都東京2300計画〉の実現手法

バーチャル都市の埋立ては，短期に行われるものではありません．東京湾の浚渫土，ゴミ廃棄物による埋立てにより，100年を単位とする長期計画に基づいて実行していきます．活発になりつつあるリサイクル運動によって廃棄ゴミの量は目にみえて減量し，また家庭ゴミはバクテリア処理など新技術によって土に戻されるなど，廃棄物の量は驚くほど減量化される予測が立てられています．

しかし，そのような技術の進歩にかかわらず，

6-4 八潮団地（1999）
大量の住宅建設が意図されているため，過密である．しかし，周辺水面を含めれば容積率は下がる．埋立地に建設されている住宅都市．

記事6-1 臨海副都心の超高層住宅街（朝日新聞951122）
現状では，都市の将来がイメージされない過密な都市計画が進行している．

6-5 臨海の都市型住居（1999）
適正な建築容積率による都市建設，とくに低層部のデザインが重要である．

どうしても減量化できない廃棄ゴミがあります．それが建設廃棄物なのです．都市改造の際に取り壊されるビル残材は，リサイクルに乗らず廃棄する他はありません．現在，東京都の廃棄物総量のうち，建設廃棄物はその20％を占めるといわれています*4．都市整備が進み，リサイクル活動が効を奏していくと，この比率は逆転します．それらの都市建設廃棄物をどのように始末していくかは，次の世紀の大きな社会問題と化していきます．既成市街地や残された貴重な自然の中でそれを処理していくことは不可能なことになりつつあります．バーチャル都市の埋立てには，このような減量することのできない廃棄物を有効に使います．バーチャル都市の実現によって100年を超える処理の困難な廃棄物（建設残滓）の投棄場所を担保することができるのです．

そして，そこに創られる都市は簡単に取り壊し，建て替える必要のない恒久的な建築として建設する，そのような建設が，次の世代の理想とする首都を創っていくのです．廃棄物がゼロとなる時期に，すべての埋立島が完成する——そのような時が，バーチャル都市の実現が完成する時であるという考えです．埋立島の計画はゼロエミッション運動に対応したものととらえることもできるわけです．

長期にわたる埋立てによって，バーチャルシティは次第に現実の姿を現していきます．

1. ベルト地帯は，幅2km（歩行モデュール）単位で計画されます．都市内の市民の歩行可能範囲は1kmといわれます．片方へ1km，もう片方へ1km，合計2kmが都市内に歩行領域をつくる限界です．
2. ベルト地帯に近く，すでに湾岸道路が施工されているために，新しい埋立島都市をつなげるように横断して貫く通過交通は入れません．
3. 2kmの水域によって陸地から分断されたベルト地帯（バーチャル都市）では，隣接する埋立島相互を橋またはトンネルによって結びますが，通過交通として連続させることは避けます．
4. 内陸側後背の自治体とは円滑なアクセス交通を設けます．たとえば，トンネルによる自動車交通，ケーブルカーによる歩行者交通などを既存都市と連絡する主交通とします．

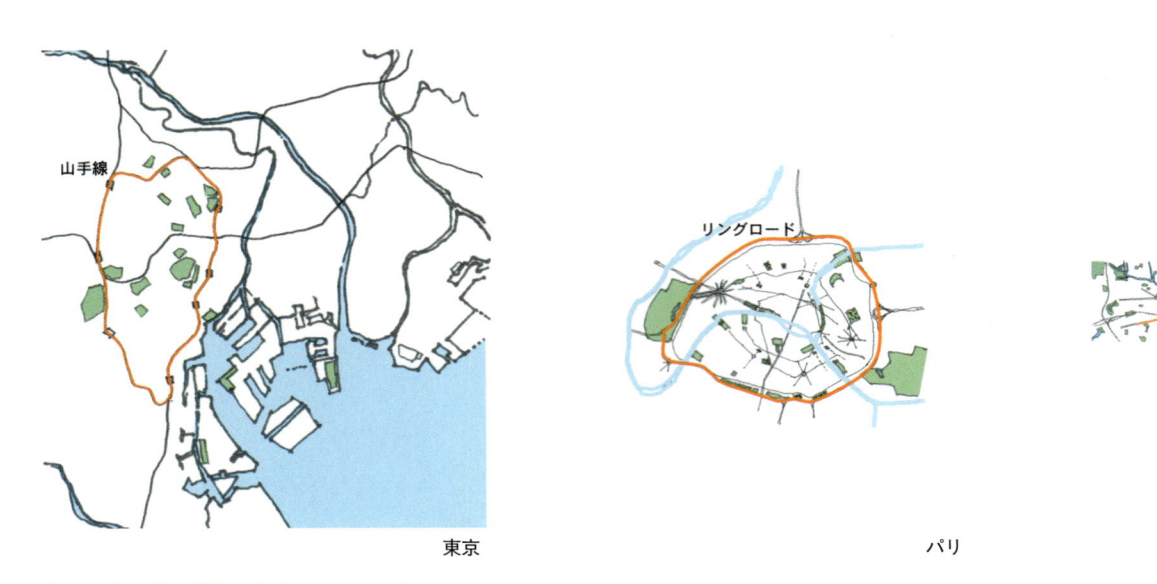

図6-5　東京都と世界の都市のスケール比較　　都市の計画は1km，2km，4kmという歩行スケールからはじまる．5km圏，10km圏の中にどのように首都が

5. 内陸から2km沖合の埋立島建設は，東京湾を陸側から埋め立てる環境侵害に対する歯止め，即ち東京湾の環境保全の手段でもあります．

このベルト地帯に，どのくらいの利用可能な建築床面積が確保できるか試算すると，環境容積を300%として5,760haという広大な床面積となります*5．これは東京23区内の現有業務床面積（約3,000ha）*6の2倍に相当する延面積となります．これを豊かな環境をもち，職住近接，そして，都市生活と水際リゾートとをセットにしたゆとりと豊かさを享受できる理想都市とするならば，次世代に対する日本からの有力なコミットメントとなりますし，またこれまでの日本の経済繁栄を単なる経済の分野に留めるのではなく，生活，文化のレベルにまで引き上げた実在の資産として残すことができるでしょう．

東京湾岸のすべての自治体の前面に横たわる新たなベルト地帯は，現状では不可能な各自治体の相互調整を可能とする横に連帯する領域としての性格が与えられ，ナショナル・プロジェクトとしての管理体制をそこに付すことによって，縦割行政を超えて横調整可能な組織体となります．併せて，各自治体の前面に位置することにより，それぞれの部分で，自治体との緊密な連携をとることができる利点もあります．

このような良好な都市環境を創り得るベルト地帯の基盤が得られれば，それは東京集中の好ましい受け皿ともなりましょうし，同時に旧市街の混乱した状況を再生整備させるための起爆剤的な影響を既存市街地に与え，東京再生を導いていきます．それによって東京への集中を回避しなければならない要因は解消し，日本がこれまでに経済の活力を獲得した東京集中のエネルギーを，新たな首都を通して次代へ受け渡すことが可能になります*7．

3. 21世紀計画としての実施について

先にも述べたように，建設可能床面積5,760haということは，都心23区の業務用床面積の総計が3,000haといわれていることに比して膨大な面積であり，これだけの床面積が現時点の社会経済状況において短期的に求められているものではありません．したがって，このような建設

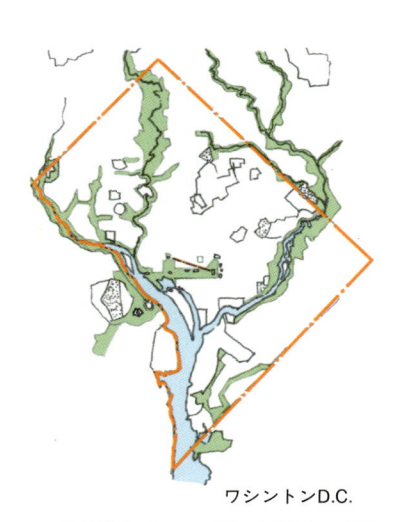

ワシントンD.C.

ロンドン

収まっているか，各首都のスケールプランから分かってくる．

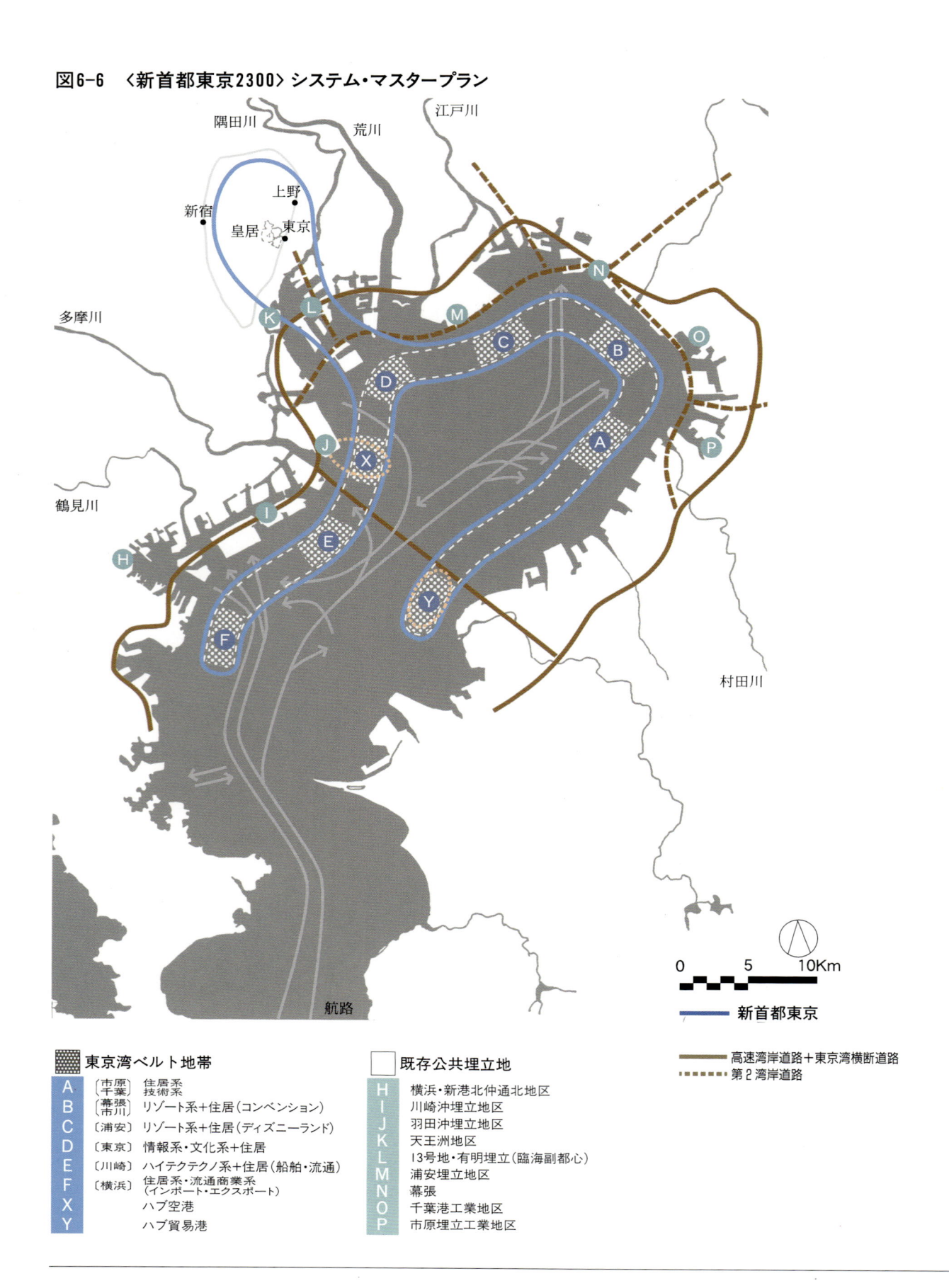

図6-6 〈新首都東京2300〉システム・マスタープラン

東京湾ベルト地帯

A	〔市原〕	住居系
B	〔千葉〕	技術系
C	〔幕張〕	リゾート系＋住居（コンベンション）
D	〔市川〕	
E	〔浦安〕	リゾート系＋住居（ディズニーランド）
F	〔東京〕	情報系・文化系＋住居
X	〔川崎〕	ハイテクテクノ系＋住居（船舶・流通）
Y	〔横浜〕	住居系・流通商業系（インポート・エクスポート）
		ハブ空港
		ハブ貿易港

既存公共埋立地

H	横浜・新港北仲通北地区
I	川崎沖埋立地区
J	羽田沖埋立地区
K	天王洲地区
L	13号地・有明埋立（臨海副都心）
M	浦安埋立地区
N	幕張
O	千葉港工業地区
P	市原埋立工業地区

―― 新首都東京
―― 高速湾岸道路＋東京湾横断道路
---- 第2湾岸道路

90　第6章　東京改造による新首都計画〈新首都東京2300計画〉

を可能とする開発可能床面積は，将来の空き面積として保有すべきものであると考えられます．大東京圏のしっかりした都市計画に則った再構成のための準備床面積として，遂次活用していくためのストックとして考えます．

活用の目的の一つは集中を続ける大東京圏の受け皿としてです．

他は旧都市域の再開発，再整備のための打って返しを可能とする空きスペースとして有効に活用するためです．しかもそこに創られる都市は，300％環境容積[*3]による都市であるために，好ましい定住都市としての，永続性のある環境となります．

これが既成市街地に影響を与えないはずはありません．たとえば，戦後初期に建てられた公営・民営の共同住宅はそろそろ寿命を果たし，建て替えられなければならない時期になりつつあります．量を求められた当時の膨大な住居を建て

I．面積規模緒元
- a. 東京湾WFベルト地帯面積　　　　　　　　*1　12,000ha
- b. ベルト地帯中埋立可能面積　　　　　　　 *2　4,800ha
- c. 道路，公団等を除く開発可能敷地面積　　 *3　2,400ha
- d. 建設可能敷地面積　　　　　　　　　　　 *4　1,920ha
- e. 300％構想に基く建設可能床面積　　　　　 *5　5,760ha
- f. 建設可能床面積(e)の中の立体ゾーニング内訳：
  - 1)住居　　　　　　　　　　容積100％＝1,920ha
  - 2)文化，福祉，レクリエーション　容積50％＝960ha
  - 3)業務，商業，流通，産業　容積150％＝2,880ha
- g. 住居諸元
  - 1)平均住戸面積　　　100〜150m²(ネット)　200m²(グロス)
  - 2)住戸数合計　　　　10〜15万戸
  - 3)居住人口　　　　　30〜45万人

II．工事費関係単価諸元
- a. 土木関係　埋立工事費(水深4mとして) *6
  - 護岸，埋立，地盤改良　　950,000,000円/ha
  - インフラ整備費 *7
  - 道路・上水・下水　　　　650,000,000円/ha
  - 小　計　　　　　　　　　1,600,000,000円/ha
- a'. 同上1ha当たりコスト内訳(3ᴷ×2ᴷを埋立島と考える)
- b. 建築関係
  - 住居系　平均35万＝300,000円/m²〜400,000円/m²
  - 文化系　55万＝500,000　〜600,000
  - 業務商業系　45万＝400,000　〜500,000

III．工事費
- a. 土木(埋立＋インフラ)1,600,000,000円×4,800ha≒8兆円
- a'. 土木(土地価格1,000,000円/m²より逆算する場合100億/ha)
  - 10,000,000,000×480ha＝48兆円
- b. 建築(下記項目の計)　　　　　　　　　　25兆円
  - 1．住居系300,000円/m²×19,200,000m²＝6.7兆円
    〜400,000
  - 2．文化系500,000円/m²×9,600,000m²＝5.3兆円
    〜600,000
  - 3．業務系400,000円/m²×28,800,000m²＝13兆円
    〜500,000

IV．建設期間（21世紀計画）　100年

V．単年度工事費　*8
- (A) (土木a＋建築＝33兆円)/100年＝3,300億円
  (330,000,000,000円)
- (B) (土木a'＋建築＝73兆円)/100年＝7,300億円
  (730,000,000,000円)

- *1　2km×60km (a)
- *2　(a)×40%　(b)
- *3　(b)×50%　(c)
- *4　(c)×80%　(d)
- *5　(d)×300/100 (e)

- *6　埋立工事費
  - 護岸工事　　　　*イ　100,000,000円
  - 埋立工事　　　　*ロ　650,000,000円
  - 地盤改良工事費　*ハ　200,000,000円
  - 小　計　　　　　　　950,000,000円

- *イ　水深4m長さ1m当り護岸工事　5,000,000円/m
  500万円×10km×1ha/600ha≒100,000,000円
- *ロ　1m³当り埋立工事　5,000円/m³
  水深4m＋土盛6m分の埋立＝10m
  5000円×(100m×100m×10m×1.3)＝650,000,000円
- *ハ　20,000円/m²×100m×100m＝200,000,000円

- *7　インフラ整備費
  - 道路　　400,000,000円
  - 水道　　100,000,000円
  - 下水　　 50,000,000円
  - 他　　　100,000,000円
  - 小計　　650,000,000円

- *8　埋立工事費に関しては，諸要素が複雑にからむために甚だとらえ難い．したがって単純に技術的データの積み上げによる計算(A)と，地価換算より逆算した埋立造成工事費相当計算(B)とを併記しておく．

表6-1　〈新首都東京2300〉建設のための諸元　　　　『OSシリーズ1・都市を創る』P127／1994年試算による

替え，質量ともに備わった良好な住環境を創る，即ち安定した環境を創るためには，広大な建替えのための土地を必要とします．それには，ベルト地帯に準備された開発可能床面積は最適の用地となるわけです．しかも，そこに実現される職・住・文化，レクリエーションなどの混在する豊かな都市環境は，必ず21世紀の都市環境の再整備，また，地方都市の整備などに対しても好ましい影響を与えることになりましょう．むしろ，好ましい都市環境として既成市街地に，この300%環境容積のコンセプトが都市計画としてフィードバックされていくことが期待されます．

このような既存市街地再生のためのフィードバックを誘発しながら，埋立てによるベルト地帯の新しい都市が創られていくには，100年単位の歳月を費やすことになります．そのような長期的視野に立ち，定まった目標が見据えられなければ，次世代に残せる国創りは不可能である，と考えます．

莫大な費用のかかる膨大な計画ではありますが，100年，200年単位の計画であるとすれば，年間の建設予算としては3,300億円～7,300億円（埋立面積4,800ha，建築床面積5,760ha）の計画であり，十分計画可能なものとなるわけです（表6-1）．また初年度は，バーチャル都市の領域設定を制度化するのみでも，バーチャル都市は存在することになるのです．財政面では大きな事業費を組むことなく，制度の制定のみで可能となります．この建設は官のみによって建設されるべきものではありません．埋立島は公有地として保全されますから，公共事業によりますが，その上に建てられる都市創りは民間資本の「都市産業」として建設されることになり，膨大な民需が期待されます．

都市には廃棄物処理（ゴミ処理）はつきまといます．焼却に応じきれない量が海域の埋立てにまわされます．また港湾には，浚渫土の処分がつきまといます．現に浚渫土は多くの埋立島を生んでいます．このような，港湾都市につきまとう影の部分（これまではそのように考えられていた）を日の当たるプロジェクトに転化し（最近では「静脈産業」と呼ばれています），より効率のよいナショナル・プロジェクトとして国費を投じ（土地造成），また民間をも加えた建設によって，大東京圏を次世紀のモデル都市につくり

---

*1 『OSシリーズ1・都市を創る』岡田新一／彰国社／P150～
*2 『コミュニティとプライバシィ』S.シャマエフ著／岡田新一訳／鹿島出版会／SD選書
*3 『OSシリーズ1・都市を創る』参照
　　環境容積300%：現在の都市再開発は建築容積一杯に，さらに容積割増までもらって高密度のものを建設する傾向にある．たとえば400%容積率は公開空地をとること等の公的な都市施設を入れることによって，200%のボーナスをもらい600%容積率とするような計画が行われている．800%の土地は1,000%，1,000%の土地は1,200%という具合である．これが続けば，都市は過密となり住み難いものになる．未成熟の都市では活性化のために容積割増によってインセンティブを与える政策がとられるが，東京のように成熟した都市では，むしろ，容積を低減した方が過度の集中を押さえ，住みよい都市を創ることができるという考えである．300%という数字は必ずしも実敷地に対する法的な建築容積ではない．道路・公園等の都市スペースも含め，都市全体として快い妥当な建築容積を考えなければならない．このような意味で「環境容積300%」という概念を用いている．

*4 「最終処分地の窮状と建設廃棄物」寄本勝美／『建築雑誌』1997年2月号，P18
*5 『OSシリーズ1・都市を創る』P127参照
*6 記事「オフィス賃料調査」日本経済新聞1994年3月21日
*7 論点「首都移転より新東京建設」岡田新一／読売新聞1999年4月7日

変えることは，日本の国際社会に対する重要な役割(コミットメント)であると考えるのです．

さしあたっては，このような新しいベルト地帯によらなくとも，現時点で活用し得る埋立地は，東京湾岸にいくつか存在しています．たとえば，横浜新港地区，川崎沖埋立地，東京13号臨海副都心・有明埋立地，浦安・幕張周辺地区，千葉埋立工業用地等々，いくつかのポイントとしての埋立地を挙げることができます．また，設備廃棄対策の対象である工場跡地（清洲，蘇我）などもあります．これらを新首都東京の埋立島と見立て，公有地として据置き，〈新首都東京2300計画〉の一環として活用するならば，本計画は緒についたということができるでしょう．

これまで，〈新首都東京2300計画〉には多くの政策メニューが盛り込まれていることを述べてきましたが，以下に一覧にしてまとめてみましょう．

〈新首都東京2300計画〉のもつ数多くのメニュー

1. **直近・近未来・将来の計画を同時に含み得る**：〈新首都東京2300計画〉はシステムプランであり，形ではないために多くのメニューを持ち得る．

2. **財政出動は自在**：財政状況に応じた予算計画が可能．まず首都領域(D.C.)を制度化する．財政難の時代には，初年度建設予算は零として制度のみを定めるだけで新首都計画は発足する．

3. **制度(ソフト)を主体とする計画で，形をつくるデザインではない**：東京改造を新首都東京と東京都に分けて行う．首府はD.C.に，都庁は新宿に置く．

4. **土地に対する考え方の改革**：「所有する土地」から「使う土地」への変革．バーチャル都市の埋立島は国有地として利用．

5. **湾岸計画の統合，東京湾の統治**：湾岸自治体の個々の計画の統合．海域と陸地の計画の統合．

6. **環境保全**：東京湾全域のミティゲーション．

7. **都市廃棄物の処理**：埋立島を長期にわたる計画的造成をすることによって対応する．

8. **新首都と地方の同時計画**：国土の統治と地方自治のより良いあり方を展開する．

9. **高度産業と基礎産業の併存**：高度情報・ハイテク産業と定住都市産業を併存両立させる．高度産業(高度情報，国際金融，生物科学，ベンチャー産業等の先端産業)をバーチャル都市の埋立島へつくり，都市産業としての定住都市整備をリアル都市東京を対象として行うこととを両立させ，併存させることが21世紀の課題である．

10. **建設手順選択の任意性**：直近の課題から将来の課題まで，政党，政権による独自な政策立案が選択可能である．

11. **首都をバックアップする危機管理の方法**：新首都東京2300と同じ構成，考え方をもつ第2，第3首都をバックアップ都市として計画する．

12. **国土の再編**：道州制を視野に置き，自治体の統合と組み換えを行う．

第7章 新首都東京の実現──
バーチャル都市のリアライゼーション

どこから埋立てを実行し，埋立島をつくっていくか，その順序は慎重に検討されなければなりません．新首都においてもっとも緊急に求められる必要性は何か，そしてそれを満たしたときの効果と影響はどのようなものか，それらのクライテリヤ(評価基準)に応じて実現の序列をつけることになります．

1. 国際ハブ空港 ── 東京国際空港(X)

まず，羽田沖の埋立てを行い(〈新首都東京2300計画〉中のX地点)，羽田空港につなげます．この拡張によって3,000m級滑走路を数本もち，24時間開港可能なハブ空港が海上につくられます．拡張に伴って旧空港用地の一部は，24時間空港の騒音から都市を守るための緩衝帯として公有化し，緑地公園として残すべきです．現在計画されているように民間への売却を考えるような，近視眼的処置は実行するべきではなく，公的処置がとられるべきでしょう．都市をつくるためには，このような財政処置が必要です(図7-1, 記事7-1)．

2. 国際ハブ貿易港 ── 東京国際貿易港(Y)

次に計画する埋立ては，木更津沖合の海域です．東京湾横断道路に接続するバーチャル都市領域に，ハブ港としての埋立てを行います．ハブ港は国際的な遠距離大量輸送の基幹港ですから，大型船舶対象の港となります．バースの水深も十分な深さが必要です．また大型船舶を東京湾の最奥部へ運航させるのでなく，湾口で積載物

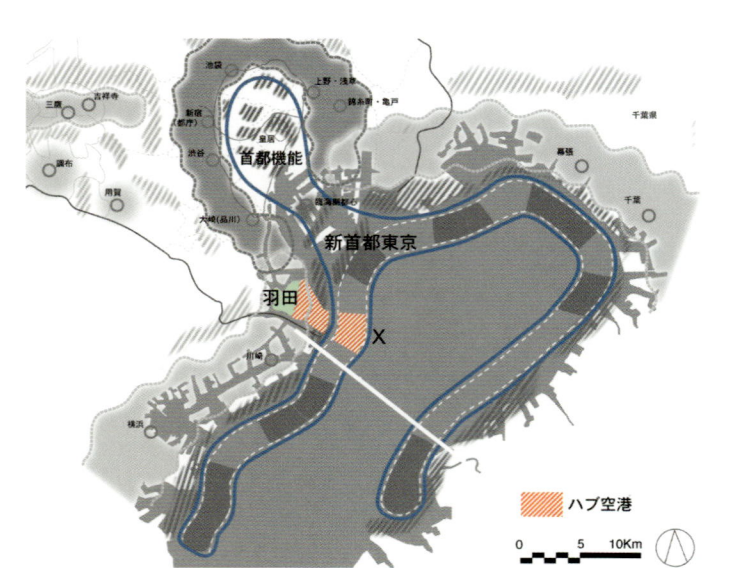

図7-1 羽田とハブ空港(X)

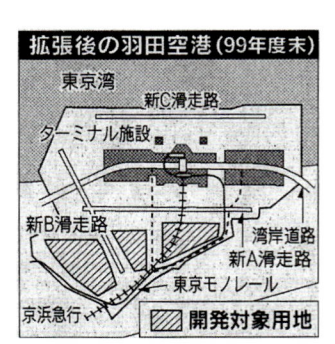

記事7-1 羽田空港拡張(日本経済新聞970216)
拡張の後，跡地は都市開発の対象地とされているが……?

羽田空港の沖合に，国際ハブ空港のための埋立島をつくる．現在の羽田は国内線空港として残し，都市との境には緩衝帯として広大な緑地をつくる．

の積み降しを手早く行ってしまうことが必要であり，Y地点はそのためにも絶好の場所になります．陸送は新設の東京湾横断道路(アクアライン)を活用することで，交通の集中する都心を避けて輸送することができるわけです．アジア圏において，日本がハブ港を整備することは，ハブ空港と同等に国際的な緊急課題です．このような国際社会に対応するグローバル課題を優先して，新首都東京計画を進めていくべきでしょう．

ハブ港を整備することによって，千葉，東京，川崎，横浜などの既存港湾施設は客船や内航船専用に特化し得ることになります(図7-2,記事7-2)．

3. 国際機関(D)

21世紀は国際化の時代を迎えます．冷戦後，民族問題は国際関係の大きな課題となってきました．力の時代から個性ある民族存立の時代に移行し，それに相応しい外交が求められます．アジアにおいても，平和外交の舞台として国際機関が，これからの課題に対するものとして重要度を増していくでしょう．そのための国際機関の設置等国際化に向けての準備が必要になり，首都にはグローバル・ガバナンスに関する施設の設置が必要になります(記事7-3)．それらの新しい機関を日本に誘致し，その施設を首都に設置することは，将来にわたる国策ともなりましょう．そのために埋立島が用意されているのですが，首都機能に近い場所(D)に外交機能の一環として置くことが効果があります(図7-3)．

4. 卸市場(C)

東京中央卸売市場(築地)の再開発は，難しい問題を多くかかえています．東京卸売市場食肉市場(品川東)もまた，同様の問題をかかえています．検討しなければならないのは，これらの市場にとって，現地再開発の計画が暗礁に乗り上げていることにみられるように，現在地における再開発が最適ではないということです．市場の周辺には市街化の波が押し寄せてきているので，本来は別の広い敷地に移転先を見出したいのですが，現在の稠密都市の中には適地が見当らない，したがって現地再開発しかない，ということに無理があるのではないでしょうか．それらはともに広域首都圏の鮮魚，食肉を扱う卸

記事7-2　フロートバース(日本経済新聞990805)

島の造成は，埋立てによる他にフローティング構造のバースによることも考えられる．職住近接のため国際港で働く人のための都市型住居を建設する．

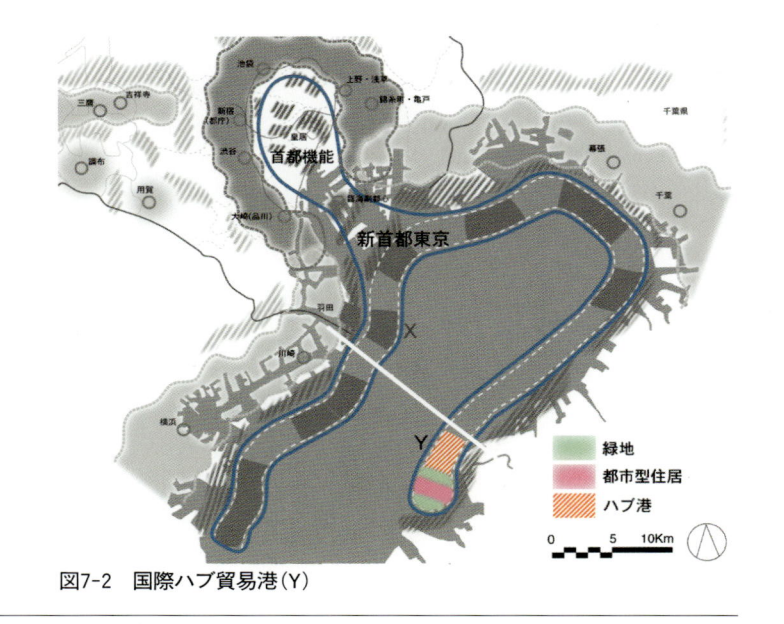

図7-2　国際ハブ貿易港(Y)

緑地
都市型住居
ハブ港

売市場ですから，新首都東京で受け入れることは十分に考えられ，埋立島を使うことが考えられます．

現在の築地市場が一部で小売も扱い，美味しい寿司屋や料理屋が店を開いているように，埋立島都市は市場を中心としながら，それを取り巻く都市型住宅，文化，娯楽，商業なども含んだ新首都東京の中の魅力ある小都市として，都市環境を創っていくことが可能です（図7-4）．

5. 都市型住宅の建設――量の問題

卸売市場が都市型住宅を含んで理想的な小都市の姿になるようにデザインされると同じように，バーチャル都市につくられる埋立島は都市型住宅を主体にしながら，それと向かい合う内陸部自治体の性格や，その長期総合計画と整合した小都市として計画立案されます．小都市ですから，その域内に多くの都市施設が長い期間にわたって建設されることになりますが，もっとも重要なのは新首都の市民の住む都市型住宅です．それは新しいタイプの都市住宅で，グローバルな視野から導かれた国家的スケールをもつハブ空港やハブ港，また東京圏を対象とした卸売市場などの巨大施設と並んで，ここに取り上げることに注目しなければなりません．理由は二つあります．

1）第2次世界大戦後，焼野原から出発した日本の都市復興は，まず公営住宅の建設からはじめられました．東京はもちろんのこと，大阪，岡山，熊本，水戸など多くの都市は灰塵に帰し，市民は住む家のない有様でしたから，緊急に大量の住宅を都市に供給しなければなりませんでした．建設省と住宅公団が研究を重ねた標準型の公営住宅が競って建てられました（表7-2,3）．1戸当たりの面積は50m²前後のものが多く，多少狭くとも必要十分を満たすローコストの公営住宅が，昭和20年代後半から40年代にかけて大量に建てられました．そして民間不動産業によるマンション建設が後を追いました．

そのような，供給を主体とした建設の時代から半世紀が過ぎようとしています．鉄筋コンクリート造建物の法定償却が60年ですから，その半ばをすでに過ぎ，耐用年限ぎりぎりの時期を迎えています．その間，いくつかの大地震（三陸

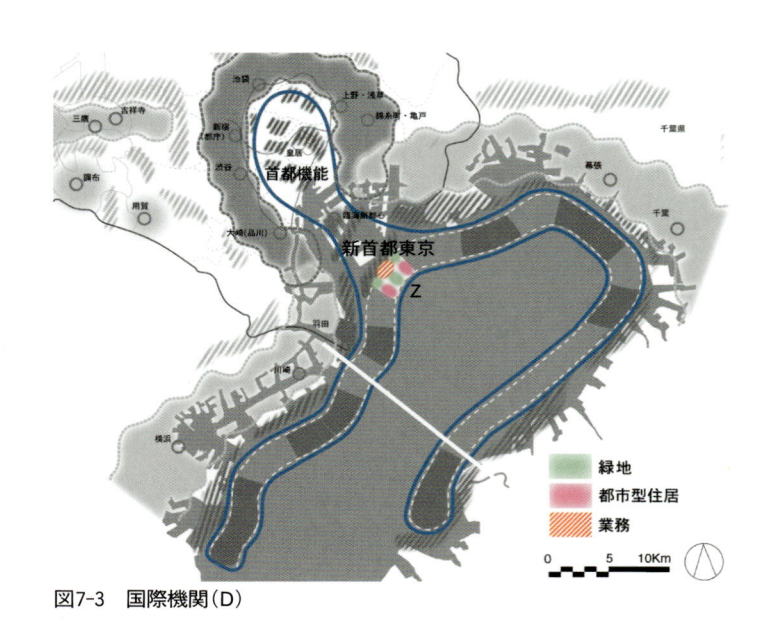

図7-3　国際機関（D）

> オーストリアの国土が北海道と同じ，つまり日本の約四分の一の広さだということを聞いても，驚く日本人は少ないかもしれないが，九八年現在，国境を接する国が八カ国だと言えば，おやそんなに？と首をかしげ，ふたつみっつ，と指を折ってはみても，すべてを言い当てられる者は多くない．
> 　（中略）
> 簡単に地図を塗り替えられないとなると，世界を人質にとるしかない．
> 国境を中心とする国際機関の誘致には自国の安全をかけて必死で，OPECの本部，IAEA（国際原子力機関），UNIDO（国連工業開発機関）の本部ほか，国際麻薬統制委員会などなど，挙げればきりがないほど，この国に集中している．
> 『百年の預言』高樹のぶ子／朝日新聞小説より

記事7-3　国際機関の誘致について（朝日新聞980908）

沖，十勝沖，新潟，阪神)によって耐震基準の見直しと強化が行われましたから(表7-1)，当時建てられた建物はすべて**現行規準からみると不適格**になっています．老朽化，構造強度の不足，狭隘化(最近の基準が住戸面積増を指向しているので，在来のものは相対的に狭いとみなされる)等の理由から，今後大変な数量の公営住宅やマンションを建て替えなければならなくなる時代を迎えるのです．

いうまでもなく，それは大きな社会問題になります．それらを建て替えるにしても，建替えの場所を，すでにびっしり埋め尽くされた稠密な都市内に求めることは不可能です．求めるとすれば，都心への通勤時間が2時間以上かかる，はるか郊外の場所を当てにする他に方法がありません．それでも適正な価格の土地を見出すことができるかどうか……．たとえ建替え地を得ることができても，長い通勤距離，通勤地獄が待ち構えています(第3章6，＊17参照)．

この問題を解決するのが，バーチャル都市に設けられる埋立島です．建替えの時期に応じて埋立島を造成していけばよいわけであり，社会的な緊急事態(パニック)が生じる前に手を打っておくことは，これからの重要であり，必要な政策となります．これは大変に重要な課題です．

2) 最近の新聞報道によると，東京都は昭和30年に建てた都営団地の建替え計画を発表しました(第10章1参照)．また，昭和初期に建てられた同潤会アパートの建替えも進められています．それらの団地は，住戸数を嵩上げして建て替え，それに25年以上の長い歳月と1,000億円単位の予算をそれぞれの団地ごとに組むという計画です．老朽化したとはいえ，これまでの団地の住戸密度は低密度で，住居に相応しい緑の公共空間が周りに拡がっていて，コミュニティの形成を育む雰囲気がただよっています．それをはるかに上回る住戸密度にして，市民が住むに相応しい住環境をつくることができるでしょうか．それは不可能とみるべきです．

民間アパートの建設と比較するとよく分かりますが，経済ベースによる民間事業として建てられたものは，シャンデリアで飾られ，木目化粧板がインテリアに使われ一見豪華につくられていますが，公共空間は皆無に等しいのが実情です．このようなマンションが隣接して建つ住宅街(かつて高級住宅街であった目黒や恵比寿に

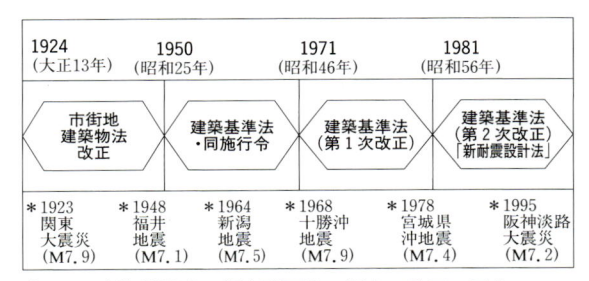

表7-1 建築基準法，都市計画法，制定，改正の歴史
建築基準法の改正は，大地震のたびに耐震設計の補強が行われているが，抜本的な改正は行われていない．

1924 (大正13年)	1950 (昭和25年)	1971 (昭和46年)	1981 (昭和56年)
市街地建築物法改正	建築基準法・同施行令	建築基準法(第1次改正)	建築基準法(第2次改正)「新耐震設計法」
＊1923 関東大震災 (M7.9)	＊1948 福井地震 (M7.1) ／ ＊1964 新潟地震 (M7.5)	＊1968 十勝沖地震 (M7.9)	＊1978 宮城県沖地震 (M7.4) ／ ＊1995 阪神淡路大震災 (M7.2)

首都圏を対象とした中央卸売市場(魚，肉，野菜)は，流通の便の良好な埋立島に移転させることが考えられてよい．蘇我の製鉄所跡地を代替とすることも考えられよう．

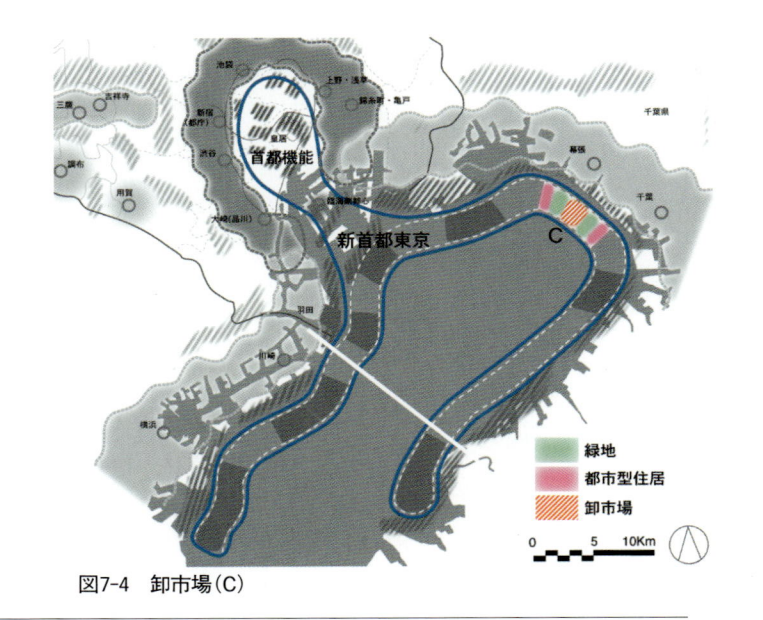

図7-4 卸市場(C)

もみられる)は，マンションスラムと呼んでよいような劣悪な住環境で，昭和初期に建てられた同潤会アパートや，戦後初期に建てられた公営住宅団地(たとえば都営青山北町団地)がもつ環境とは比べものになりません(7-1, 2)．

公共用地の上に建つ公営住宅の設計は最近非常に発展し，岡山(県営中庄団地，市営中庄団地)，熊本(県営竜蛇平団地，市営新地団地)，水戸(県営水戸六番池団地)，大阪(府営東大阪吉田団地)などの好ましい事例が数多くみられるようになりました．

これらを「都市型公営住宅」と呼ぶのですが，これからの都市住居のタイプとして推奨すべき型なのです．これらはha当たり100戸前後という低密度ですから，マンション街の住戸密度とは比較になりません．このような都市型公営住宅の例にみられるような，ゆとりのある都市住居が，平均的な都市住居の質となるべきでしょう．そのような計画を実現するためには，土地に対する考え(概念)を変えていかなければなりません(第8章2参照)．都市に住まうことに対して資産形成の考えから，空間形成の考え方に転換することが必要になります(事例7-1)．

このような都市型住居を建設するには，公有地として保有されるバーチャル都市の埋立島を活用する他はありません．既存の公営住宅が丸ごと埋立島へ移ることができれば，その跡地に同様の都市型住居を建てることが可能となりましょう．また移転跡地を緑地化することによって，密集住宅地に防災避難拠点を増やしていくことも可能です．バーチャル都市の埋立島はそれぞれ小都市であり，業務，産業，商業，文化，住宅等都市諸施設が混在する職住近接の現想都市を目標とします．ここにおける住宅は都市型住居でなければならないのです．都市型住居における豊かな公共性がコミュニティを熟成させていきますが，そのような空間は民間の経済ベースの企画では建設不可能で，公共こそが担うべき分野です．

日本の住宅政策は戦後の復興期が安定しはじめる頃から，持家政策に転向していきました．住宅を対象とする低金利融資によって，個人住宅の建設を促進しようというものです．それは住空間形成に対する公共の役割を放棄するものでしたが，個人の資産形成の欲望に乗って，融資住宅の建設戸数を伸ばしてきました．それで住

年代	東京23区	23区外	総計 (戸)
大正12年 (1923)	36	0	36
昭和5年 (1930)	181	62	243
昭和18, 19年 (1943, 44)	2	0	2
昭和20年代 (1945~54)	3,834	1,150	4,984
昭和30年代 (1955~64)	27,950	16,887	44,837
昭和40年代 (1965~74)	85,332	18,963	104,295
昭和50年代 (1975~84)	32,312	18,145	50,457
昭和60年代 (1985~94)	23,818	25,025	48,843
平成7年以降 (1995~2004)	402	1,490	1,892
合計	173,867	81,722	255,589

表7-2　都営住宅建設戸数〈賃貸住宅〉

年代	東京23区		23区外		年度別合計		総計 (戸)
	賃貸	分譲	賃貸	分譲	賃貸	分譲	
昭和30年代 (1955~64)	8,702	3,020	11,878	374	20,580	3,394	23,974
昭和40年代 (1965~74)	40,083	8,235	30,848	9,735	70,931	17,970	88,901
昭和50年代 (1975~84)	19,057	6,687	8,757	14,771	27,814	21,458	49,272
昭和60年代 (1985~94)	16,193	4,195	10,934	8,503	27,127	12,698	39,825
平成7年以降 (1995~2004)	2,860		1,934		4,784		4,784
合計	86,885	22,137	64,351	33,383	151,236	55,520	206,756

表7-3　日本住宅公団による建設戸数〈賃貸住宅＋分譲住宅〉

表7-2, 3にみられるように，東京には現在まで都営住宅が約26万戸，住宅公団住宅が20万戸建てられている．それらの建設は昭和40年代がピークであるため，多くの住宅の建替えの時期が次々にやってくる．大量の公営住宅の建替え政策をみると，重要な社会問題をはらんでいると考えざるを得ない．

同潤会アパートは中庭を住棟が取り囲む配置で，住人がそこで顔を合わせる楽しみがあった．高い容積密度で建て替えられると，そのような伝統的なコミュニティは失われる．低層部には容積の低かった時代のゆとりとコミュニティを保ちながら，空中棟を高くすることによって容積を増すという方法がとられるとよい．

戦後建てられた集合住宅団地が老朽化して，次々に建て替えられている．老朽化の理由は，第1に新たに団地をつくる空地を見出すことができず，建築容積を上げ，より多くの住戸を建設する必要に迫られていること．第2に，設備が老朽化したこと（設備と構造を分離した設計を行っておけば，建物の延命は可能）．第3に，戦後に量を競うが故のミニマムスペースに対して，ゆとりある住まいとしてスペースが求められるようになったこと．そして最後に，もっとも重要なことであるが，度重なる耐震規準の改正に対して構造不適格になりつつあることである．建設当初は建築計画に関して多くの研究がなされ，それなりに質の高い住環境をもつものが建設されていたわけだが，建て替えられたものは，まず建築容積を最大限にする（住戸数を増やす）ことを条件としているために，初期に意図されていた都市住居としての環境水準に満たないものが建設されるようになった．

7-1 同潤会江戸川アパートの中庭
建替え前．住民が集い，話合う落ち着いた中庭があった．

7-2 代官山アドレス（旧同潤会）販売パンフレット
建替え中．

7-3 都営南砂町団地近くの遊歩道（1999）
ゆとりある容積が建替え後には失われる．

7-4 都営高輪1丁目アパート（1999）
建替え後．公共空間のゆとりはみられない．

7-5 都営青山北町団地（1999）
建替え前．空間のゆとり，民営店舗との共存がみられる．

7-6 都営新青山1丁目団地（1999）
青山1丁目団地の建替え後．過大な容積率．

7-7 岡山県営中庄団地（1998）
建替え前．

7-8 岡山県営中庄団地II期（1998）
建替え後もゆとりを保つ計画．

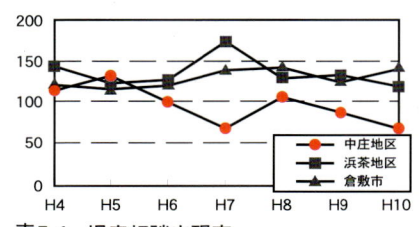

平屋の連続住戸型が低容積（60〜80％容積）の中層都市型賃貸住宅に建て替えられた．緻密・細心のデザインによってゆとりのあるコミュニティを形成している（例：CTOプロジェクト）．
表7-4にみられるように，中庄地区では児童相談数が減少している．社会的に好ましい影響が生じている．

表7-4 児童相談出現率
中庄地区では団地建替え後，児童相談数が減っている．

都営，住宅公団ともに，建設当初（昭和30年代）には大規模団地が公共空間のゆとりをもって計画され，建築容積密度も研究された適切な（と考えられる）密度によって建設されていた．時代が下り1980年代（バブル期）頃から住宅公団の建設状況に顕著に現れることだが，建設ロットが小さくなり，しかも高い容積率のものが建てられるようになった．都市内には団地をつくるまとまった敷地を求めることができなくなったこと，そして建設戸数を伸ばすには高密度にせざるを得ない状況が見事に現れている（表9-4）．結果としては公共空間のゆとりをもつことのできない単なる「住まい」をつくるのみとなり，都市型住居としての質を犠牲にした住宅供給が行われているといわざるを得ない．

第7章 新首都東京の実現——バーチャル都市のリアライゼーション

■都市型住宅建設事例

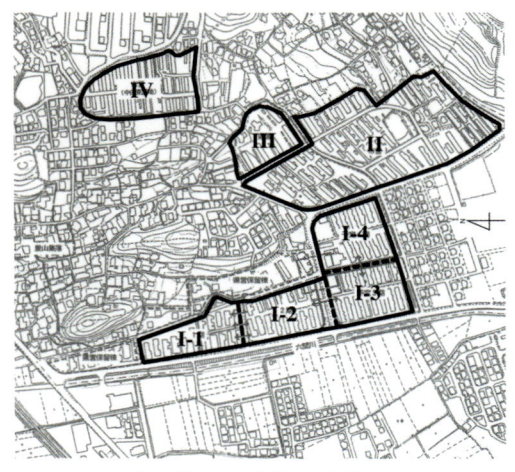

図7-5　岡山県倉敷市中庄団地広域図

I-1　県営第1期　　II　市営
I-2　県営第2期　　III　県営
I-3　県営第3期　　IV　県営
I-4　県営第4期

図7-6　岡山県営中庄団地　1期～4期までの配置図

事例7-1　岡山県倉敷市中庄団地（CTO）

倉敷市中庄地区は，丘陵地帯の里山集落を取り巻いて，県営，市営の公営住宅が戦後数多く建設された．

1991年に，老朽化した県営中庄団地の建替えが計画された．CTO（クリエイティブタウン岡山）のプロジェクトとして4期に分け，4人の建築家（丹田悦雄，阿部勤，遠藤剛生，柳勝巳）がコミッショナー（岡田新一）のキーセンテンスに呼応して連繋する設計を行い，新たな定住環境の創造を試みている．発注方式，建築家同士の連帯の方法，都市型住居としてのデザイン，どれをとっても今後の都市型賃貸住宅建設の典型的な事例となろう．

隣接する市営住宅へもCTO方式による建替えが波及し，同様に4人の建築家（新居千秋，元倉真琴，竹原義二，平倉直子）によって計画が進められている．

コミッショナー制（CTO）

「昔と比べると現在の町並みは乱れ，雑然としている．建ち並ぶ家々相互に調和がないからだ．ところで家を建てる場合には設計者が存在するはずである．家の並びが悪いのは，それらの設計が下手なのではないか．優れた建築家が設計を続けていけば，自ずと町並みは調和を保ってくるはずだ．」という当時の岡山県長野士郎知事の発案で，コミッショナー制によるクリエイティブタウン岡山のプロジェクト（CTO）が1992年より発足した．町づくりプロジェクトであるCTOの建物に対して，設計者として適切と思われる建築家をコミッショナーがそのつど推薦する制度である．

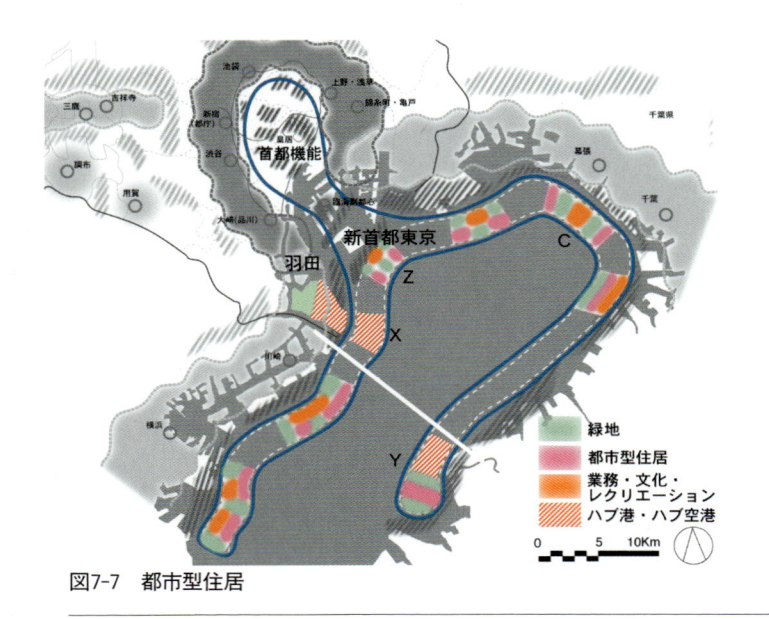

図7-7　都市型住居

記事7-4
定住化への手掛り
（朝日新聞980106）

都会の中の土地付住宅（戸建住宅）に住む家族は，住戸の構造，相続税など，その限られた条件と制度のために家族が集まり住むことが難しくなっている．その一方で，賃貸集合住宅では空き住戸への住み替えが可能であって，老いた親を近くの空き住戸へ呼び寄せたり，兄弟が近くに移り住み，家族の連帯をより一層確かめるなど定住への手掛りが得られはじめていることが報じられている．

宅事情が充足されたかというと，決してそうではないのです．むしろ個人に負担させることによって住空間の豊かさは廃退していきました．緑のない息づまるように密集したミニ開発の都市をもたらしたのです．国民が「豊かさの実感がもてない」（経企庁）と感ずるのも，当然のことであったのです．都市が年を追って衰退していく流れに対する歯止めとしても，このような，都市型住宅を新首都東京の埋立島に建設し，優れた都市を創り，内陸部への波及効果を狙うべきと考えます．

6. 埋立島小都市の都市計画

新首都東京として組織される首都域の中のバーチャル都市には，いくつかの埋立島が造成されます．島全体を公有地として保有し，その上に建つ都市に必要とされる諸々の施設，都市型住居，文化施設等の公的施設を公営で，そして業務施設，産業施設，商業施設等の民間施設を民間で建設し，その運営を官と民とで行うことになります．島は2km×4〜6km程度の大きさですから，小都市の単位として適切であり（図7-8），

そのマスタープランと建設計画を何人かの専門家（プランナー，建築家等）にコミッショナー方式[*1]によって依頼します．計画，建設，将来にわたる都市メンテナンスを，依頼された専門家のライフワークとして責任をもって受け持たせるのです．60km(80km)の総延長をもつバーチャル都市には，かなりの数の島がつくられるわけですから，ライフワークとして張りつく専門家の数はかなりの数にのぼるでしょう．多くのチームが長期にわたって都市メンテナンスを受け持っていく責任と自覚をもつようになれば，しめたものです．コミッショナー制で建設を進めるのは，思いつきや利権がらみで横槍が入るのを防ぐためであり，コミッショナーを引き受ける専門家は，清廉であると同時に優れた洞察能力を備えていなければならないことになります[*2]．

[*1] コミッショナー制に関する記述：事例7-1および『SD』1996年1月号参照
[*2] 埋立小都市ごとに専門家チームが編成されることは，ロンドンのボローがボローアーキテクトによって計画と設計が行われていることに類似する．特殊なものは外部のフリーアーキテクトにデザインを依託する．

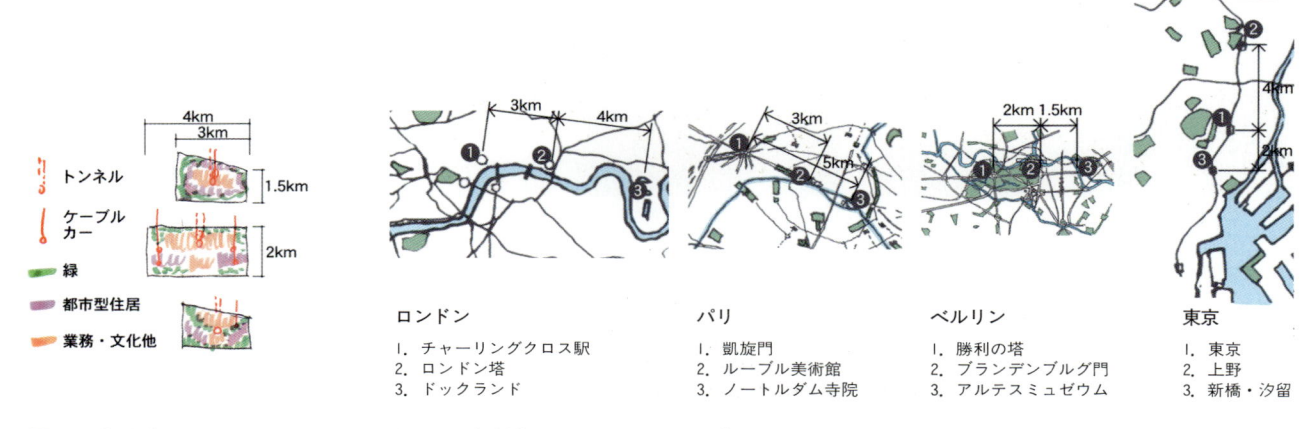

図7-8　埋立島の2kmスケールの都市タイプ

図7-9　各都市の2kmのスケールプラン

ロンドン
1. チャーリングクロス駅
2. ロンドン塔
3. ドックランド

パリ
1. 凱旋門
2. ルーブル美術館
3. ノートルダム寺院

ベルリン
1. 勝利の塔
2. ブランデンブルグ門
3. アルテスミュゼウム

東京
1. 東京
2. 上野
3. 新橋・汐留

第8章 都市を創るための制度の問題

現在の日本の都市が疲弊していることは，誰しもが認めるところです．制度(法律)に従えば，このようにしかならないという，都市創りにおける制度上の制約問題が数多くあるのです．用途地域が法定化され，道路が敷設されて決められた敷地の中に，斜線・日影等の形態規制によって建物が建てられるということによって，現在，日本の都市の姿はつくられています．一街区ごとに，それも容積の割増しを企画して許される最高の密度で建物が建てられるという結果ですが，町には広場や広路，公園など市民の憩える公共的空間が少なく，地域が用途で規制されるために混合の豊かさに欠け，都市に住むためのゆとりがみられません．

都市が未成熟であり，個の集合であった時代に都市化を促すには，こうした政策は有効であったかも知れませんが，成熟した都市の時代を迎えようとする世紀においては，都市制度はそれなりに変貌を遂げなければならないと考えます．

1. 都市に人は住む

1999年には地方分権法が制定され，地方政策に比重が高まる時代を迎えました．この折に「都市」というものを枠を拡げて把握したいと思います．人口によって，村・町・市・大都市という名称が用いられますが，人々が集まって住む場を「都市」と規定して考えを進めます．そこには共同で住むための公共的仕組みが入ってきます．井戸端の溜まり場，小公園，集会所などから広場・駅，また大きくなると劇場，美術館などの文化的施設，スポーツやレクリエーショ

8-1 戦後の公営住宅 都営青山北町団地(1999)
空間のある棟間，隣接する界隈との落ち着いた関係．

8-2 同潤会江戸川アパート(1999)
落ち着いた中庭．

記事8-1 公団住宅が分譲住宅から撤退
(読売新聞991007)

外部空間にゆとりのある，落ち着いた雰囲気の戦前と戦後初期の集合住宅団地．これら定住環境をもつ団地が建替えに入り，取り壊される運命にあることは残念なことである．年々の維持管理が十分でなく，放棄されてしまうために建物の寿命を縮めている．

これからの都市政策として，都心住居としての公営集合賃貸住居の建設が欠かせないものになり，重要な政策の一隅を占めることになる．住宅都市整備公団は都市基盤整備公団にシフトし，住宅建設から撤退したが，戦後の日本住宅公団のような都市住居建設のための公営企業が各地方につくられる必要がでてくるだろう．

ンなどのための施設が入ってきます．大きな都市は村，即ちコミュニティといわれる共同体の集合によってつくられるという考えです．人口の大小による非連続的な集合体があるのではなく，小さな村から大きな都市まで，連続する集合体の集積であると考えていきたいと思います．現状は，都市には村の要素がなく，村には都市の要素がないために，それらは異なった内容の断絶点のある分類をもった集住体と考えられています．人々が集まって住むためには，村であろうと都市であろうと共通する問題は多々あるのです．

2. 土地に対する概念を変える──土地公有化

住居と土地が密接であることはいうまでもありません．戸建てであろうと集合住宅であろうと，土地の上に住居は構えられます．現在の中央ならびに地方政府の住居政策は，住宅金融公庫等の公的融資を整えることにより，住宅の建設，取得は個人に負担させるという持家政策を主体としています．このような政策によって「わが家」を建てようと欲するならば，まず土地を取得しなければなりません．バブル崩壊後地価は沈静化したとはいえ，国民多数にとって家を建てるための敷地を購入する支出は多大の負担であり，必然的に地価の安い郊外にそれを求めることになります．都市はスプロールし，通勤に2時間を費やす……という状態が生じます．これは，もはや都市に住むとはいえません．

戦後，公営住宅(賃貸集合住宅)が多く建てられてきました．それは戦災によって失われた大量の住居を補うための量産という目的もありましたが，公営住宅は比較的低所得者に対する良質な住居の提供(狭いながらも)という狙いがありました．この住宅政策によって，市民は都市周縁部(近郊)に緑が多く，公共空間に恵まれた住まいを得ることができたのでした(8-1)．

戦前には，同潤会アパートがあります(8-2)．戦後50年を経てどのようなことが起こったか──経済が活性化しバブル化するに従って，業務，商業等経済活動を支える施設が数多く建てられ，都市を埋めていくと同時に，地価は高騰していきました．そのため都心には，公営公共集合住宅が建てられる余地が次第になくなっていきます．住宅公団(住宅都市整備公団)すらが，集合

記事8-2　水田の治水効果(朝日新聞990411)

田は食糧の補給のみでなく，保水力もあり日本の自然を形成する巧まざる技術であった．廃田になると，その基盤構造上再び復元することは困難である．日本の里山や山林についても同様のことがいわれている．

＊参考記事：「稲作が残した日本の森」梅原猛／日本経済新聞951226，「80年代，国の古木伐採に怒り」C.W.ニコル／朝日新聞970315

記事8-3　痴呆徘徊(朝日新聞971014)

これから高齢化社会を迎えるに当たって，多くの老人にとっては，ここが自分の棲処であるという安心のもてる住環境を保つことが必要になる．故郷ハイマートをしっかり脳裡に刻んで生活することのできる住環境を失うことの悲劇を，この記事は伝えている．北京では市民の昔からの住様式である四合院をクリアランスし，道路を拡幅し，高層のアパートに建て替える都市政策を採っている．世界の多くの都市で，このような，住民にとっては住み難い都市改造が行われているのだが，これは多くの市民を遊民に追いやることだ．痴呆性徘徊を早めることになりはしないだろうか．

住宅の建設から撤退していくことになりました（記事8-1）．都市住宅は，不動産業者の分譲マンションにゆだねられ，とくに都心部の住居は億ションとなり，市民の手から遠のいていきます．都市は，人々が「住む」という都市の基本的内容から遠のいてしまったのです．

都市に公共的空間が増え，緑が多く，豊かに「住む」ことを可能にするためには，とくに都市に住む市民を増やすためには，賃貸による公共集合住宅を都心につくることが必要であり，それを可能とする公有地を増やしていかなければなりません．都市の中に公有地を増やしていくことが絶対の条件となるわけです．土地に対する概念を変えることは，21世紀，都市の時代を迎えるに当たって，重要な第一歩となりましょう．経済活性化のために土地取引の流動化を考える動きがありますが，それは地域の用途制が業務，商業の地目においてのことであって，宅地にあっては定住環境の創造に反する行為です．そこでは，土地を動かしてはいけないのです．

最近は，都市社会資本の蓄積が急務であることが，政治家をはじめとして国民一般に認識されつつあります．それによって定住都市を創出していくことが，生活，経済，国際関係等国民が関わるすべての面において安定を獲得していく道です．土地をフローとして経済の対象とすることは，はなはだ矛盾した方針であると考えざるを得ません．土地は国土の一部であって，一つの目的のみによって動かされる（たとえば経済活性化のためなど）ものではないと考えます．土地は国土であるということを考える延長線上には，森林や農耕地等についても同じ視野でとらえなければならないということがあります．農家が営々として築いてきた水田の減反は，先祖の努力を無にしてしまうことです．また大きな見地からの国策（自給自足の食糧確保）からみて，無謀なことではないでしょうか．コスト，効率，経済性に走るのではなく，根本的な考え方，即ち国創りの哲学として考えるべきことではないでしょうか？ 水田は治水，山野の自然の保全の役割をも担っているわけです（記事8-2）．

3. 相続税を変える

厳しい相続税に対処するため土地の物納が増加しています．それらの物件は，取引を潤滑にす

8-3 品川区西五反田（1999）
マンションスラムといえる町並み．

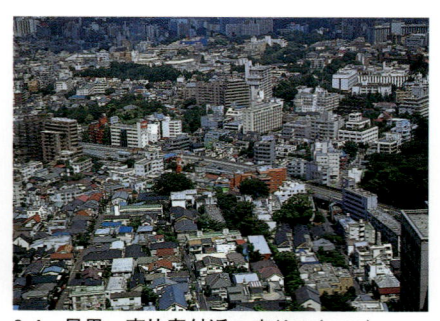

8-4 目黒，恵比寿付近の家並み（1999）

8-5 ロンドンの家並み（1999）

民間地に民間資本で建てられる住居地がどのような環境になるか，その様相が明らかにみてとれる．公共的空間も私的な空間もないがしろにされ，建物のみが建てられ，都市を埋めていく．

ヨーロッパの都市は，街路から一見すると過密な町並みのようにみられるが，背後に住宅としての庭（スペース）がとられている．

るため，更地にして物納することを税務当局より求められます．先祖から譲り受けた幾百年にもわたって丹精の込められた屋敷，屋敷内の大樹の林などが，惜し気もなく取り払われていきます．これでは定住環境がつくれるわけがありません．

定住環境は，親子代々が一つ家に住みつくことができること，隣り近所があり，近隣の付合いがあり，都市集住体としての良さが住区に現れてくることによって達せられます．これからの高齢化社会においても，古くからの変わらぬ安定した住環境が存在することによって，「自分の住まい」との認識を無意識のうちにもつことができます．記憶にとどまる住環境をもつことによって，痴呆的徘徊を回避することができるのです(記事8-3)．

このような，国民が安心して住むことのできる定住都市の考えからほど遠いところに相続税はあります．それは単に税収の手段として考えられているに過ぎません．しかも，国税に対して住居に関する相続税が，どのくらいの比重を占めるのでしょうか？ そのための都市を破壊していく損失は計り知れないものがあります(表8-1)．

試案1：
物納された宅地は，あるがままの姿で(または，より優れた定住環境につくり直して)公営住宅にします．管理は町中の不動産業界に依託するなどの方法によって，人々が住みつく町はその姿を保ちながら公共的な定住都市環境に変わっていきます．

相続税は，家屋敷をつくり，良好な住環境を築いて子孫に残そうとする先祖の意志を無にするものではないでしょうか．そこから先人達を敬う心は生まれません．文化が発生する根本を否定するのですから，豊かな，成熟に向かう文化が生まれるはずがありません．悪平等が生まれ，働く意欲が失われます．そのようなことから住居，屋敷に対する相続税は，廃止すべきものと考えます．相続税は二重税(税を払って残されたものに対して，さらに税がかかる)であり，不合理な税制でもあります．

試案2：
住居に限り，そこに住んでいた年数と同じ年数だけ，売買をしない条件で相続税を零(ゼロ)とすることが考えられます．祖先から100年住んできた家，屋敷は相続税なしにさらに100年間住み続

相続財産に占める「家屋」のうち，現に住んでいる居住家屋がどのくらいの比率を占めるか，データは作成されていないが，事業用途のものに比べて規模は小さいであろう．非常にラフな試算になるが，それらを勘案して1/3が専用住居とすれば，総額で約300億円(1997年度)，当年の国家予算(70兆円)に比してほぼ0.4％に相当するが，それだけの相続税によって定住環境としての都市は崩壊しつつあるとみてよい．物納された家屋は取り壊され，更地にされ，再利用されることになる．環境として存在するものがなくなり，それを再建する，しかも，より閉塞された環境に堕していく．税収は都市を創る財源として支出される面もあるわけだから，あまりにも大きな無駄である．

また，住居地域が定住化しないのは，戦後の家族制度の崩壊もその原因の一つに挙げることができる．

年度	相続税収(億円)	相続財産に占める「家屋」*の構成割合	家屋の金額(億円)
1975	3,104	2.8%	87
1980	4,405	3.3	145
1985	10,613	3.5	371
1989(平成元)	20,177	4.5	908
1990	19,180	4.5	863
1991	25,830	4.6	1,188
1992	27,462	4.3	1,181
1993	29,377	5.0	1,469
1994	26,699	5.2	1,388
1995	26,903	5.3	1,426
1996	24,199	4.1	992
1997	24,129	4.0	965
1998	19,156	未算出	
1999	19,480	未算出	

＊「家屋」には居住用，事業用建物のほか，構築物も含まれている．

表8-1 相続税の国税比率

けることを可能とする案です．即ち，先祖の住居を受け継いで住み続けることが可能となるわけです．

4. 建築容積率を下げる，規制を厳しくする地域——都市の容積率

拙書『都市を創る』の中で述べられている「300％都市構想」[*1]というのは，都市の容積を環境容積率300％に押さえて都市創りを行うという構想です．厳密に建築容積を検討すると，300％で良好な住宅環境をつくるには建築容積は過大である[*2]，という結果が出ています．都市には住宅地としての地域もあり，業務・商業地域もあり，それぞれに適正な建築容積が考えられるのですが，それらをどうとらえ規定していくかは，都市の姿に関わる大きな問題なのです．

ここでいう300％都市構想は，これまでの都市再開発で，たとえば容積400％の地区に対して緩和規定を適用し，ボーナスを得て600％として計画する，また600％地区ならば800％に割増しを得て採算性の良い計画を行う……という不動産の採算から考えられた建築容積の割増がとられていたことに対して，それでは将来に発展し，定住環境として熟成し，子孫に残し得る都市環境を創ることはできないという反対の表明です．良好な都市環境を創るには，これまでの建築基準法による容積指定では容積限界を超えているということが分かってきました．その対策として，400％，800％，1,000％，また1,200％というように，際限なく容積の上積みを求める都市再開発を行うのではなく，むしろ建築容積を下げるダウンサイジングの都市計画へ向かわなければならないということです．それを「300％都市構想」と呼んでいるのです．

このような方向に向かうには，土地に対する概念を変えなければなりません(第8章2参照)．また，現在の用途地域で指定されている建築容積率の考え方についても，考え方を変えなければならない時期がきているのです．現存する土地に対して建築可能な容積率の上限は建築基準法で規定されています．当然，それだけの建設は可能です．多くの土地建物が建築基準法による容積上限に達していないために，建替えに際しては容積一杯の延床面積をもつ建物に建て替えようと計画されるのです．それは遵法行為ですが，東京都内の土地すべてが定められた容積一杯に建物を建てるということになると，どのようなことになるでしょうか．膨大な床面積が増床されることになります(要試算)．そうすると，首都移転論が問題点として挙げている東京の過密問題をはるかに超えた膨大な床面積が建設されることとなり，都市が成立する限界を逸脱してしまいます．現行の容積規定が過大に設定されているのは，都市が未成熟であり，建設のインセンティブを与えるためのものでした．都市に集積の効果が現れ，都市開発の機運が高まる熟成の時代には，むしろ容積率規制を好ましい環境の創造を可能とする**環境容積**の考えに転換させ，低減させていくべきなのです．

東京には十分な集中がみられました．そのような傾向の次にくるものは，過度と考えられる集中を，その力に抗して分散へ向かわせるのではなく，集中を熟成へと向かわせる都市政策をとることです．それが「300％都市構想」で考えられる景観容積の考え方なのです．東京を対象とする都市計画では建築容積を下げ，それを面に展開するという方策への都市政策の転換が考えられなければならない時なのです．

今日の日本の繁栄は，東京への文化，経済の集中によるものでした．結果として東京への人口集中をもたらしたのですが，それは国力の象徴

でもあったのです．次の世紀にわたって，日本が文化・経済の発展を目指すならば，人口集中を容認して，それをいかに良好な状況で受け入れるかということが考えられなければなりません．私たちが直面する都市計画はそこにあります．21世紀を迎えて，海外諸国が評価する重要な問題として，新しい首都東京の姿を実現することができるならば，国際社会に対する日本からのコミットメントとして大きな役割を果たすことになるでしょう．

5. 建築容積率を上げる，規制を緩和する地域

環境問題を考え，定住環境を創りだすためには，とくに道路，河川などの土木的分野をも併せて，総合的なデザインが都市創りに組み込まなければなりません．都市環境を考え，町並みの整備を果たすからには，道路や地域を流れる水路の問題等を切り離して過ごすわけにはいきません．CTO（クリエイティブタウン岡山）のプロジェクト[*3]においても，道路，河川，建築などを総合した計画立案を提示したのですが，総論においては賛成を得られても，いざ実行に移す場合には多大の障壁があり，実行することができませんでした．都市を創るには土木的分野と建築的分野を統合するCPC（シティ・プランニング・コーディネーター）としての職能が強く求められているわけです．しかし，現状ではそのような統合は難しい問題です．縦割行政の弊害が現れています．

建築的分野だけに限っても，建築基準法のような，建築家が準拠すべき法律に不合理が存在します．それは容積率の設定です．都心の定住人口の過疎化が憂えられながら，現行建築基準法のごとき平面的な用途地域指定が行われるならば，過疎化の傾向にはますます拍車がかかるでしょう．都心3区においては，確認申請に際して住戸設置を義務付けています．過疎化に悩む都心3区の苦肉の策です．しかし建築基準法があるために，敷地に設定された容積規定の中でそれを義務付けることとなります．そのような規制を真面目に守る企業，建築主がいるでしょうか．バランスのよい住宅建設は，商業的建設行為外に求められるべきです．

〈新首都東京2300計画〉のバーチャル都市構想は，まず東京湾岸に土地（公有地）を創出して職住を含めた調和のとれた都市を創り，東京圏全域にわたる新しい定住都市環境再整備の契機とする構想ですが，一部の地域，都心3区などには高い容積率をもった都心の存在を認める必要がありましょう．そのような地区では，住居に限って建築容積外の建設を認めることです．

試案：

建築基準法に認められる建築容積を超える分を住居に限って認めることです．その部分を公的機関（たとえば住宅都市整備公団など）が賃貸し，公営公共的住居として運用します．その部分の賃貸に対しては地価を含めてはなりません．これはもっとも緊急に計られるべき規制緩和ではないでしょうか．

そのような現行容積を超える住戸は，建物の最頂部に設けるべきです．いわゆるペントハウス住戸としてデザインするのです．採光，通風，眺望ともに良好な住戸群を創ることができます．ペントハウスの本来の意味は「高級な住居空間」を意味しているのですから（図9-1）．

6. 用途地域に関する規制緩和

景気が下降し経済活動が低迷してきますと，経済活性化のために首都移転という大プロジェクトが提唱されるようになります．経済活性化の

ために土地の流動化がいわれるのと同じように，本末転倒の発想です．首都といえる都市が一朝にして出現し得るものではありません．それには100年，200年という歳月が必要とされます．
また，過密なるがゆえに首都機能の一部を分散させるという考えも提唱されています．現在の大都市東京がかかえる問題は過密なるがゆえのものではなく，集中の方法に問題があり，過密と称される混乱を招いているのです．集中の方法を正すことが，まず第一にとられなければならないのです．技術は集積の方法を解決するし，また都市の経済効果は集積によって増加されるでしょう．
集中を正すということは，集中を排除するために分散の方法をとるということではありません．前節で述べたように，都内には建築容積率の上限を満たしていない地区が数多くあります．また，都心区のように定住人口の少ない，いわば過疎状態の地区もあります．これらのアンバランスな要素を適切に調整する都市計画を行うことが，集中の方法を正すもっとも適切なやり方になります．
〈新首都東京2300計画〉のバーチャル都市の埋立島構想も，リアル都市の住居のための建築容積規制緩和も，この問題に対する提案です．
都市計画法には用途地域制という考えがあり，住居，業務，商業，工業等都市機能を平面的に分離する方策をとっています．それをつめていくと，市民生活と一体であるべき都市環境がそれぞれバラバラに地区指定がなされ，市民生活が分断され，人々は長い移動の時間をとらなければならない（通勤地獄のような）という無駄なエネルギーを浪費するということになります．
住居の近くに働く場所があり，生活の糧を求め，余暇を過ごす場所も見出せるのが定住都市環境の考えですが，このような視点から平面的な用途地域制ではない，立体的な用途地域制へ規制緩和がなされていくことは好ましいことです．職住近接，生活と文化の共存等々……混在型の都市へ移行していく段階として，この種の規制緩和は歓迎されます．
一方，前節で述べた「300％都市構想」はむしろ規制強化であって，これからの都市計画にあっては緩和一辺倒ではなく，緩和と強化との見直しが行われるべきです．

7. 東京湾に埋立島をつくる問題——環境アセスメント

〈新首都東京2300計画〉は，リアル都市とバーチャル都市とによって構成されますが，バーチャル都市に関しては都市廃棄物と港湾浚渫土を用いて徐々に（100年を単位として）埋立島をつくることを前提にしています．
それが完成するまで100年，200年の長期間を費やす計画であるとはいえ，東京湾岸に埋立島をつくることが東京湾の自然環境にどのような影響を与えるかということは，事前に十分な調査が行われ，環境に対して問題がないことが確かめられなければなりません．
現在，東京湾には夢の島をはじめてとして広大な埋立島が都市ゴミ（都市廃棄物）の廃棄によってつくられていますが，この実績は今後の埋立島造成の影響調査においてかなりの手掛りとなりましょう．
〈新首都東京2300計画〉の埋立島は，現在の水際線より沖合2kmのところに造成されますから，埋立島と陸部との間には2kmの幅の水面が残ることになります．埋立島の岸と陸部との相対角度等，流水工学技術の採用等によって2kmの幅の水路の水の循環が計られなければなりません．このことは，現在陸部から埋立てが行われ，東京湾の水域が狭められていることに対す

る強力な歯止めとなる役割を果たします．単に新首都を湾岸自治体との連携によって建設するというだけではなく，東京湾の環境保全の役割をももたせようという計画です．自然環境保護の団体から問題にされている三番瀬など，残された貴重な渚は，沖合に埋立島をつくることによって保全されます．

このように埋立島の連鎖によって安定した水際線が東京湾につくられるならば，東京湾に自然を呼び戻すミティゲーションの役割を果たすことも可能となりましょう．

埋立島造成の先進地である大阪湾(六甲アイランド，関西空港等)に対しては，すでにいくつかの研究が発表されています[*4]．

「……水際線への一般の人々のアプローチを不可能にしていた港湾空間の可能な限りの解放，人々が直接海そのものや海洋生物に接触することが可能な親水空間としての渚の提供，多様な海洋生物の生息を可能にする海岸域エコトーン環境の復元，海岸域の環境浄化機能の復元および強化，残存する自然海岸や半自然海岸の景観および生態機能を含めての保全などを見直すことの重要性がひろく認識されるようになってきた．(中略)

海岸域の環境浄化機能は，生態系の主として目に見えない部分を担当する分解者である微生物の働きによって支えられているが，湾奥部の汚濁の進んだ富栄養化水域では，ミティゲーションを考えるに当たって微生物のもつ汚濁物質分解浄化活性が高度に発揮できるような条件を用意する必要がある．そこでは，バイオレメディエーションの理論や技術をミティゲーションの場に拡げて活用することが今後考えられるべきであろう．従来のバイオレメディエーション技術の対象は，主として石油系の物質や有機塩素系化合物などの特定の物質による汚染に限定されてきたが，これからは海域の生態系に影響を与える富栄養化原因物質や地球環境に悪影響を及ぼすさまざまな物質をも含めて，人間活動の結果として直接または間接に海域へ放出される広範囲な物質に対象を拡げることによって，微生物を中心とする多様な生物群集のもつ能力をミティゲーションの場での環境浄化にもっと活用することが期待される．」

これは京都大学名誉教授・門田元氏の「内湾海域環境の今後を考える」[*5]からの引用ですが，東京湾の環境問題に関しては，今後もさらに技術的検討を加えて確認していかなければならないと考えます．

[*1] 『OSシリーズ1・都市を創る』岡田新一／彰国社
[*2] 「日照を"捨てた"新高輪アパート(都営)——都心団地で試みた「容積率300%」の成否」『日経アーキテクチュア』1999年10月24日号，第10章図10-3参照
[*3] CTO解説：「都市づくりを仕掛ける，建築家たちの実践」『SD』1996年1月号
[*4] 参考文献：
　a．「第24回瀬戸内海環境保全知事・市長会議速記録 1994年」門田元
　b．「大阪湾の生態系と沿岸エコトーンの意義」門田元／日本建築学会空間高度利用コンセプト委員会講演／1994年
　c．「大阪湾の生物とその環境—海の生物と人間(2)」門田元／『洲本市由良研究交流センター紀要』1995年
　d．「ミティゲーションとバイオレメディエーション」門田元／『マリンバイテクノロジー研究会報』Vol.No.4巻頭言／1995年
　e．「パネルディスカッション——自然環境を活かした洲本市と大阪湾圏域の発展方策を探る」コーディネーター：紙野桂人(大阪大学名誉教授／帝塚山大学教授)パネリスト：J.R.Vadus(ハワイ大学海洋資源工学センター所長)／糸魚川直祐(大阪大学人間科学部教授)，門田元(京都大学名誉教授)／黒田勝彦(神戸大学工学部教授)／伊宮貴幸廣(洲本市・由良研究交流センター運営委員)洲本市／『海の国際シンポジウム報告書』1996年
　f．「エコトーン」長尾義三・門田元，酒勾敏次監修／大阪湾新社会基盤研究所編著／海域環境創造事典／1996年
[*5] 「内湾海域環境の今後を考える」門田元／『港湾』（日本港湾協会）Vol.72／1995年

第9章 新首都東京の実現——リアル都市の整備

「新首都東京」が東京湾岸に線状に展開するバーチャル都市部分と，既存の中央官衙街を中心とする，都心3区または山手線の内側を領域とするリアル都市部分との二つの地域によって構成されることを，第5章「東京改造による新首都計画」の中で述べました．そして，バーチャルシティの構想とその実現の方法については第6章で述べました．

次に，「新首都東京」の中のリアル都市の整備計画について述べましょう．

1. 行政改革と中央官衙街

新首都計画と地方計画とは併行して，車の轍のように同時に計画されなければなりません．魅力ある首都をもつことと，落ち着いた個性ある地方をもつこととは，機関委任業務を主務業務として地方に移譲し，交付税や補助金などの財源も地方の自主裁量にゆだねていくことからはじめられるでしょう．地方分権とはこのようなことです．また地方に優れた行政担当者を育成し，地方出身の優れた人達が故郷の建設のためにUターンして就業するということが行われることと重なって，はじめて新首都計画も完成に近づいていくでしょう．

中央官庁の中でも，地方行政と深く関わる部門は中央から地方へ出ていきます．国家と国際に関わる中央行政(外務，大蔵，法務など)のみが首都に残り，地方に密着した現業的行政は地方へ(たとえば北，西，南等，日本全土をいくつかに分割して)出ていくことになりましょう．これが地方分権であり，中央省庁の再編，つま

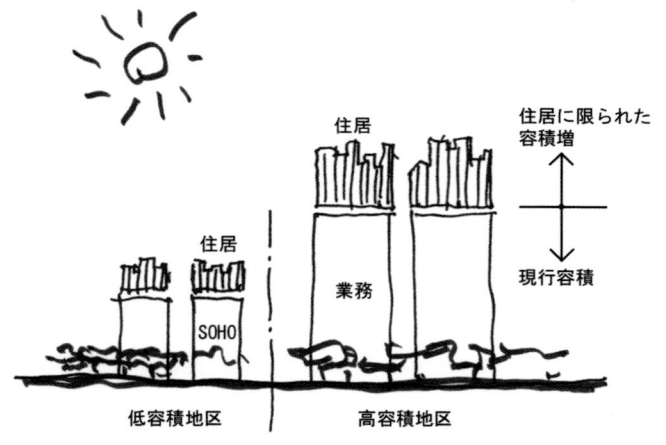

図9-1 都心3区における住戸増のための建築容積割増

都心3区の人口は減少し，いわば過疎の状況である．人口を都心に呼び戻すには公共的な賃貸共同住宅によるが，既存建築容積に住居のみに利用する条件でボーナスとして容積の割増を与える．

ただし，都心地区に人口を呼び戻すために住居に限った建築容積の割増を認めることは，特例と考えるべきであろう．むしろ，良好な住環境をもつ低容積密度の集合賃貸住居を新首都東京の埋立島小都市に建設することを，都心住居対策の本筋とすべきであろう．

建築容積率を厳しくする地区と緩和する地区とを使い分ける必要がある．

り，中央政府のリストラです．

このような地方分権を両輪の一つとする再編によって，中央官衙街の就業人口（役人の数）は半減します．したがって，現有一人当たりの執務空間は2倍となります．豊かで優れた政策を立案し，実行するためには，行政のための空間にゆとりが必要であり，CPUワークステーションの活用，秘書制度の活用なども含めて，そのくらいの広い執務面積が必要とされるのではないでしょうか．

中央官衙街では建物の増設や取壊しを行うのではなく，堅牢で，天井も高く，空間の豊かな昭和初期に建てられた現庁舎のインテリアの改造，設備改修によってこそ良好な執務空間が得られ，また，一人当たりの執務空間は倍加され，能率は等比級数的に増加されていくでしょう．

中央官衙街を取巻く皇居周辺の環境は，国際的にみても素晴らしい，第一級の景観をもっています．国民が世界に誇りうる財産です．この素晴らしい環境を保存しながら，素晴らしい中央政府，即ち小さな，そして能率のよい政府をもつことができる——ということは国民的な願いでもあります．

2. 居住人口を増やす——都心地区の容積の割増

中央官衙街周辺は現在，日本の首都と考えられている地区です．これを取り巻く中央3区（または5区）は夜間人口が少なく，いわば東京の過疎地区となっています．このような昼間人口と夜間人口比の大きなアンバランスは，都市計画の上でも失敗といえましょう．見事な中央政府の拠点である中央官衙街に対して，周辺の夜間人口が増えていくことが考えなければなりません．そのためには，第8章5で述べたような容積緩和が，過渡的な都市政策としてとられなければなりません．一般的に，好ましい都市型住居を建設するためには環境容積率を300％以下にする——建築容積率を100％程度とすることが好ましいことは第10章1に述べられていますが——そのような厳しい規制が必要です．しかし，人口過疎の都心地区にあっては建築容積を割増しすることによって住戸を増やすという規制緩和策がとられてよい，というわけです．

方策：

建築容積を割増しした分は都市型住居（賃貸）にのみ利用し，家賃には地価を含めないという，

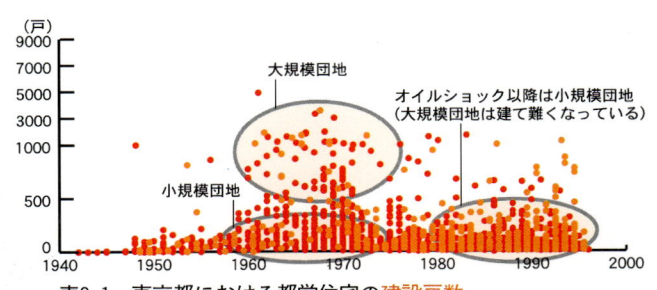

表9-1　東京都における都営住宅の建設戸数

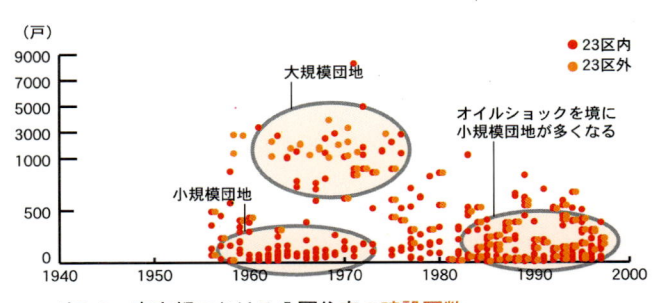

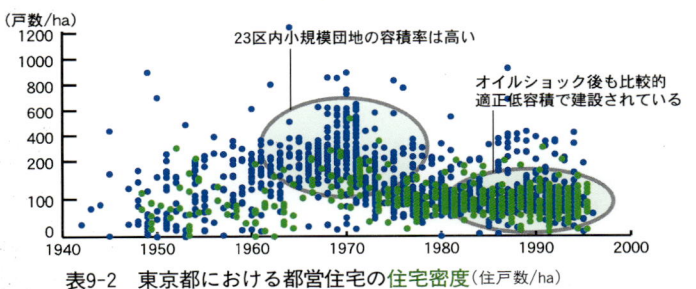

表9-2　東京都における都営住宅の住宅密度（住戸数/ha）

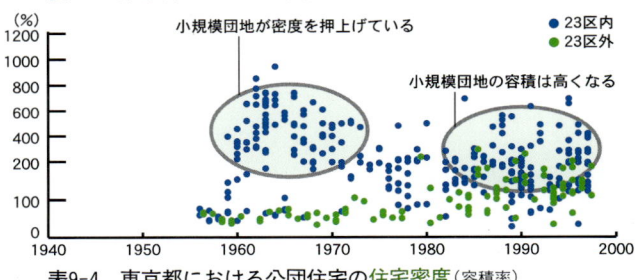

表9-3　東京都における公団住宅の建設戸数

表9-4　東京都における公団住宅の住宅密度（容積率）

容積緩和,利用制限を設けます.容積率400%地区の場合には100%の増を認め(400%＋100%,600%＋200%等),その面積増加分を都市住居利用のみとし,建築コストのみを家賃算出の基礎にするという方策をとります.

現在の都心にみられる"住宅付置規制"のように,現行容積率の内で付置住宅を設ける方策では建築主から納得した協力を得られません.付置住宅を容積外に求めようとする方策に切り換えるならば合理性があり,また,それらの都市型住居を現行容積内で建てられる基本的建物の上部に設置するならば(図9-1),居住のための自然環境も良好で,容積増加による都市問題を避けることができます.

都心の既存住宅街では,建築容積率を余して建てられている状況があり,それが住宅街のゆとりとなっています.それは庭,緑,小公園などの空間となって既成住宅街に潤いを与えています.ところが,不動産業者の計画では容積一杯に分譲マンションを建設する方法がとられています.公共空間は極度に貧困で部屋のみが豪華につくられる……というのが一般的な市民の都市住宅になりつつあります.政府の政策がそのような結果を生んでいるのです.これでは良好な住宅街はできません.とくに地価の高い都心にあって,地価を吸収する都市住宅を適正家賃で供給することは不可能です.これに対しては,公共投資を誘導しながら,公共空間に富んだ公共賃貸集合住宅の建設が促進されなければなりません.

一つは,公共賃貸集合住宅による住宅政策をとることによって,都心住宅街を形成していくこと——土地の公有化等によって公共を組み込み,建築容積を300%以下に押さえながら都市型住宅を建設する方法です(第8章4参照).他は,前述のように都市型住宅のためのスペースを現行建築容積の外に求める方法で,とくに都心3区のように夜間人口の少ない,いわば過疎の地区に対してとられてよい方法です(第8章5参照).これは,中央官衙街を含む都心地区に対してのみ施行される制度であり,先に述べた一般的な都心住宅建設の手法(制度)に対して特例的な第2の制度といえましょう.

都心部を除いた東京都に対する都市型住宅建設の制度と,「新首都東京」のリアル都市部分(都心部)における制度とは異なったものであり,

---

公団住宅の建設
公団設立以来1980年頃までは比較的大規模な団地建設に特徴があり,研究された低容積の,良好な住環境をもつ団地が建設された.80年代以降,現在に至る間は大規模団地は極端に少なくなり,都心に近い高密度,小規模団地が建設された.これらは高容積(表9-4)であり,住環境としては好ましいものではなかった.広い土地の入手が困難であること,経済優先の社会的傾向を反映した結果であり,終いには1999年には住宅公団(住宅・都市整備公団)は消滅することになる.

都営住宅の建設
1973年オイルショックの頃までは,23区内でも比較的大規模な団地が,住環境を考慮した適正容積で建設されていた.それ以降は23区外における建設(大規模なものは少ない)が多くなる.土地の入手状況を反映しているが,それでも,全体に適正容積内で計画する姿勢を保っている.公団住宅のように経済に支配されない計画密度を保っていることは,公共住宅の供給主体の姿勢として評価される(表9-2).

しかし,都営住宅の建替え時期に入るこれからは,建設住戸数を伸ばすためには高容積にせざるを得ない(表10-1).そうなれば都営住宅においても,より住宅公団と同じ断絶点が2000年を境にして現れてくるだろう.生活の質が求められる21世紀において,時代に逆行する現象である.都営住宅のグラフ(表9-2)にそのような断絶点が明瞭でないことは,現在まで,どうやら適正容積率による環境としての空間のゆとりは保たれてきたと思われる.

二つの制度が認められるべきものと考えます．「新首都東京」のバーチャル都市に次第に姿を現わしていく埋立島の都市型住宅は前者の手法によって（押えられた容積密度の中で）建設されていくことはいうまでもありません．

3. 学校用地の不足

前節で述べた方策によって，中央官衙街を中心とする「新首都東京のリアル都市部分」は，将来夜間人口が増えていく，即ち定住人口増を視野に置くべきです．現在は人口減少に伴う学童数の減少のため，小・中学校の統廃合が行われ，跡地再開発が行われているのですが，むしろ，都心人口が増える時代のために学校用地を用意しておくくらいの対策がとられるべきではないでしょうか．学校用地を商業種目に再開発するのではなく，施設はそのままに美術館等の文化施設または福祉施設等に転用する例が地方都市にみられます（記事9-1）．それは好ましい例です．学校を復活する際の予備建物としてストックになるからです．

都市は長い年月を経て整合の度を増し，成熟していきます．そのような長期的視野に立つならば，敷地を必要とする学校用地を都市的空間として予定する都市計画が，長期計画に含まれるべきでしょう．都心への人口回帰を政策としながら，学校の統廃合を進めるというのは，矛盾した都市政策です．廃校を取り壊して新たな施設をつくるのではなく，それを他に転用するなどしてその場を確保しておくことは，都市の将来予定に対する適切な方法です．都市の中にはさまざまな建物が取壊しの運命から逃れて新しい用途を与えられ，甦りたいと願っているのです．空洞化した都心の由緒ある店屋を記念館やフリーマーケットに再生利用したり，高齢化社会を迎えてそれらを高齢者のための生活施設として活用するなどの動きがみられるようになりました．このような使い方のもっとも成功した例は，パリのオルセー駅を改造したオルセー美術館でしょう．堅牢で美しい大空間は多くの目的によく対応してくれることの実証例です．

以上が，新首都東京のリアル都市部分（山手線内側）で実行すべき3点の重要対策です．

記事9-1 小学校跡地に高層マンション
（朝日新聞990205）

記事9-2 廃校を他の目的に活用する
（朝日新聞981116）

小学校跡地をどのように利用するか，大きな都市問題である．住民が都心に戻ってきたときに，学校用地を改めて都心に見出すのは至難である．とくに小学校以下の学校は地域住民の密度（住戸配置）と密接にからんでいるために，戦前の住区を考慮した小学校配置は，単に敷地を準備するという意味を超えて重要な，居住地域への適正な公共施設の配置の問題を含んでいる．

都市に人口を呼び戻すためには，小学校を再び建設することになる．長期的視野をもって町づくりを行うことが条件になるはずであるが，跡地に集合住宅を，しかも公共スペースに欠けるものを建設しては都市産業のロジスティックに合わない（記事9-1）．

第10章 東京都の改造計画

これまで、"新首都東京"のあるべき姿を描いてきましたが、それは首都としての都市像に視点を合わせたものでした。関東平野に都市が連帯する首都圏の中の新首都として、現在首都機能を果たしているリアル都市部分のみでは新しい首都として不十分です。〈新首都東京2300計画〉は、それに加えて、東京湾岸に線状に拡がるバーチャル都市領域を設定し、それに現在の首都機能である山手線内部の区部を加え、両者を"対"として一体化したものを"新首都東京"として新たな行政域とするものでした。

一方、新首都を創ることによって、中心部を切り取られた残りの東京(都)がどうなるかということは、直ちに考慮されなければならない重要な問題です。中心域外の東京都は人口の多い重要な地域であり、この部分をどうするかということが、東京都の都市政策として重要なテーマとなります。山手線より外側の地域こそ十分に計画されなければならないのです。首都移転論で指弾された東京の抱く最大の問題としての過密、災害、通勤等のカオス的状態は、実は山手線より外側の様相に与えられた指摘です。この領域にこそ、適正な再整備計画が適用されなければなりません。東京(広い意味の)へ人口が集中したのもこの地域であり、そのために、東京都庁舎は丸の内から新宿へ、人口密度の重心移動に伴って移動したのです。都庁舎の新宿移転の理由付けに、都市の質による評価、即ち国家の中心をなす首都と地方治自体としての都との関係よりも、人口密度(それは選挙の折に票に結びつく)に対する評価を上位のクライテリヤに置いていたのです。人口密度分布から評価さ

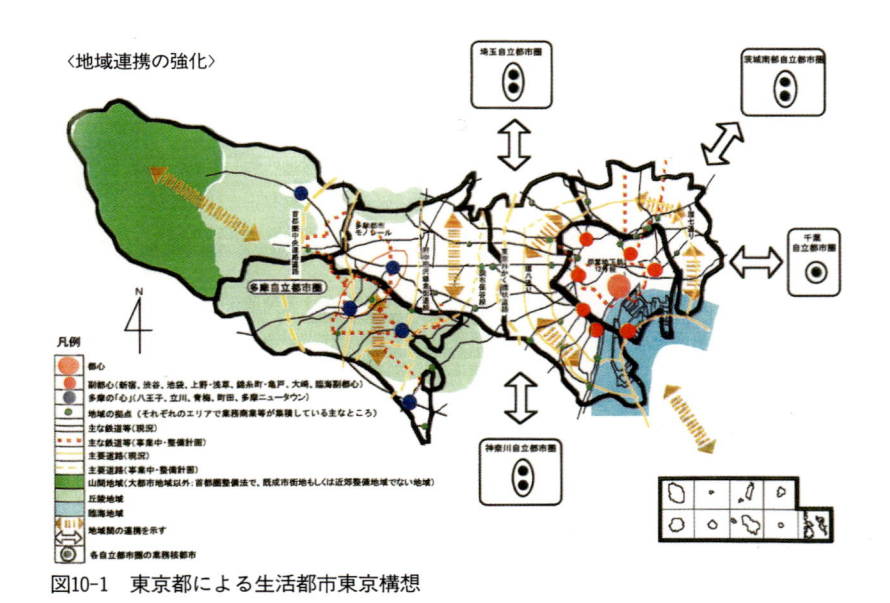

図10-1 東京都による生活都市東京構想

〈新首都東京2300計画〉におけるリアル都市以外の部分は東京都そのものであり、東京都は、すでに将来計画を含めた現実的な都市計画を実行しつつある。それらの計画を総合的に推進することによって、東京都の住環境はかなり改善されるであろう。要は定住都市環境を目指した統合された都市計画を立てること、そして、力強く実行していくことである。

れたように，山手線内側の東京都心区は人口の流出を続ける人口密度(夜間人口)の低い，いわば過疎地域なのです．したがって，東京都の整備計画は山手線より外の地域に対して早急に対策が立てられなければなりません．

1. 公営住宅の建替え —— 質の問題

第2次世界大戦末期に焦土と化した諸都市において，逼迫した居住問題を解決するために，大量の公営住宅が建てられました．

多くが戦後20年の間に集中しています．その間，公営住宅のデザインについては，大学の研究室を中心とする諸研究グループによる優れた研究が行われ，とくに平面計画に対する研究が公営住宅標準設計に応用されました(図10-2)．大量建設に際しての質の保全のために標準設計が利用されたわけです．しかし，戦後50年以上を経過した現在の生活水準に対して，住戸は狭小であり，また構造の側面でも十分な質を保証したものとはいえません．大量供給の要因があったとはいえ，それに付随する共通の問題——即ち質の保証(標準設計は最低の質を保証するものですが，それ以上のものにはなり得ません)が欠落してしまったのです．

当時の日本が置かれた経済状況の中でつくられたものですが，しかし，現在，当時の公営住宅団地を再訪し調査してみると，敷地に対する住戸密度の設定は適切であり，住環境をつくる上では優れた解決であったと認められます．それは結果とはいえ，重大な視点です．

さまざまな都市住居の建設が試みられ(第7章5参照)，容積率100％以下(住戸密度80〜100戸／ha)というのは居住環境を保証する優れた数値であり，容積率300％になると，日照など居住条件をかなり犠牲にしないと実現できないことも分かってきました[*1]．建設推移からも分かるように，戦後，日本の経済が活性に向かい(それに比例して地価は上昇する)，都市活動が活発になるに従って，公営住宅の住戸密度，容積率は上昇していきます(表9-1〜4)．

とくに日本住宅公団が建設した団地の密度は，他の公営住宅団地に比べてはるかに大きいことが表に示されています．住戸以外の部分の居住環境は明らかに高密度のものは劣っています．もちろん，諸研究組織は密度を上げなからも，

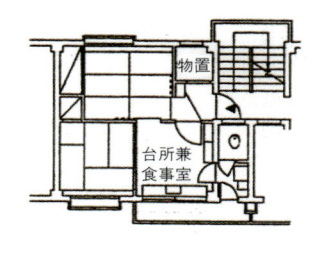

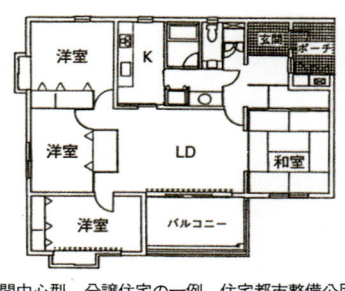

51C型，公営住宅標準設計
専有面積 35.5m² 1951年

居間中心型，分譲住宅の一例　住宅都市整備公団
専有面積 115m² 1990年

図10-2　公営住宅標準設計例（同スケール比較）

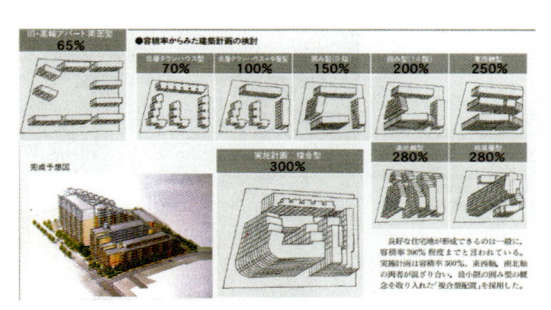

図10-3　都営高輪アパート建替えの折の建築容積シミュレーション
居住の質を保つには建築容積200％以下であること．

建設省標準設計と，住宅公団分譲住宅の違いはあるが，戦後当初のものに比べて，90年代のものは住戸専有面積が3倍に拡げられている．したがって，現政府の経済政策の一つである「空間倍増計画」は，建築容積率限度にまで容積密度を上げて建設されるようになった民営および公営のハウジングの公共空間を倍増させることに向かうべきであろう．すなわち，容積率を低く押さえた低密度ハウジングを都市に建設する方策が採られるべきなのである(図10-3参照)．

好ましい住環境を得るための研究を数多く発表し，それらは建設にフィードバックされていました．その面では質を上げる効果を与えましたが，容積率（住戸密度）という数値的データにはかないません．計画やデザインの手法をいくら工夫しても，容積率を下げることによる効果には勝ることができないのです（図10-3）．

最近，熊本や岡山で優れた集合住宅が建設されています．それらは優れた建築家による素晴らしいデザインの県営住宅，市営住宅ですが，それらを可能にする住戸密度（容積率）の影響は実に大きいのです（事例7-1）．日本住宅公団（住宅・都市整備公団）や都営住宅など大規模住宅団地において設定される基準住戸密度を，事例にみられる住宅団地の容積密度に近い条件としたならば，現状とははるかに異なった，人々が愛着をもって長く住みつくことのできる好ましい住環境をもつものとなったでしょう．

ところで，戦後急速に建てられた公営住宅の老朽化による建替え時期は，まもなく訪れてきます．それらが建てられた時代の耐震基準は，現在ではさらに高いレベルに改訂されています（表7-1）．戦後しばらくの時期は施工技術も十分ではなく，鉄筋コンクリート造建物の償却年数は60年といわれていました．現在は，100年以上の寿命を前提として建設が行われていますが，当時のものは50年ではないでしょうか？そのような仮定からすると，戦後競って建てた多くの公営住宅が，続々と建て替えなければならない時期に入っていくのです．戦後，焼野原に建設された状況と異なり，現在の飽和した都市では建替えを行う敷地を見出すことが非常に難しいことは，誰しもが認めるところです．唯一の方法は，現状の容積密度を高密度化して集中的に建設する方法であり，それ以外に道はないでしょう．東京都の計画した桐ヶ丘，村山，長房などの団地の建替えは如実にその間の事情を物語っています（表10-1，記事10-1）．しかも建替えが終わるまでの工期を24年とみています．そのような長期にわたって住宅団地が新しく生まれ変わっていく，このようなプロセスはどう考えても，より良い環境を目指した都市創りを行うプロセスとは考え難いのです．先に述べたように，公営住宅の住戸密度（容積率）を上げるということは，住環境の劣化をもたらすことです．建物と住戸が新しくなり，構造など災害対策は万全と

10-1　都営桐ヶ丘団地（1999）
棟間のゆとりある空間．

10-2　都営新青山1丁目団地（1999）
旧青山1丁目団地の建替え．棟間のゆとりは失われる．

10-3　後楽園付近のマンション群（1999）

新聞（記事10-1）にも報じられた今後の都営住宅の建替えでは，桐ヶ丘，村山のような大団地においては建替え後も容積率は200％以下に押さえられ，環境条件は守られている．しかし，都心の小団地（北青山1丁目，高輪1丁目）では300％，400％に近い容積率がとられることになる．

この傾向は，民間不動産のマンション建設ではさらに過密の，公共空間に欠ける状況となる．このことは都市に住む次世代の住環境の問題として，その是非が心理，教育，社会に及ぶこととして総合的に検討されなければならない．

なっても，住環境の悪化を招いては，将来の都市の姿としてははなはだ嘆かわしいものです．〈新首都東京2300計画〉では，それら大量の建替えを東京湾に設定したバーチャル都市の埋立島にもっていくことを考えています．耐用年限に応じての大量の建替えが，埋立島を逐次つくっていくことによって可能になるわけです．それは東京のみでなく，都心に建替え余地の少なくなった首都圏各自治体の老朽団地の建替えの受け皿となります．

埋立島の住宅は，すでに第7章5で述べたように，低容積の都市住宅によってつくられます．埋立島の土地は公有であり，その上に建てられる建設と建物のみの運営を考える仕組みですから，ここに自治体や住宅・都市整備公団の計画する住宅や民間不動産の経営する住宅を建設し運営することは可能です．建物と都市的住環境の質によって評価される小都市が，公有地の上に創られるのです．このような受け皿を整備し，用意するのでなければ，戦後の，劣化した大量の公営住宅を建て替えることは不可能です．戦後建設の住宅を建て替えなければならない危機的状況を迎える前に，必ず手を打っておかなければならない問題なのです．

埋立島へ建替えを終えた団地の跡地は公園（避難緑地）として緑化し，密集した住宅街の中の公共空間として都市の活性（復興再生）のための資源として活用します*2．あるいは，都市に公共賃貸集合住宅を建設するための余地として残し，打って返しに利用していくことが考えられてもよいでしょう．

山手線沿線より外側の部分の最大の問題として，とくに公営住宅（私企業の共同住宅を含めて）建替え問題を取り上げましたが，これは"首都移転論"の指摘する過密問題を解決する糸口ともなるものです．過密の東京の近郊周縁部に，緑に恵まれた公園・空地が増えていくことは好ましいことです（第7章5参照）．

2. 住宅地計画と区画整理

山手線外側の地域には，零細な敷地割による住宅街が八王子辺りまで拡がっています．多くは細かな街路がくねくね曲り（畑のアゼが残る），車のすれ違いもできない道が多いのですが，道には一軒家の敷地が面し，昔からの大きなケヤ

	建替前	建替後	建替前	建替後	建替前	建替後	建替前	建替後
住戸密度	60%	90～190%	40%	40～160%	89%	201%	81%	285%
容積率	110戸/ha	111戸/ha	109戸/ha	126戸/ha	188戸/ha	254戸/ha	158戸/ha	384戸/ha
建ぺい率	20%	30～40%	20%	20～40%				
住戸面積（平均）	約34m²	約51m²	約36m²	約58m²	約39m²	約61m²	約39m²	約50m²
住戸数	5,010戸	5,060戸	5,260戸	6,070戸	544戸	781戸	188戸	481戸

桐ヶ丘団地（北区）
（平成8年～20年事業）
敷地面積　95.4ha

村山団地（武蔵村山市）
（平成9年～23年事業）
敷地面積　48.3ha

北青山1丁目
（平成5年～6年事業）
敷地面積　3.1ha

高輪1丁目
（平成5年～6年事業）
敷地面積　1.26ha

表10-1　都営住宅の建替前と建替後の規模比較

都営住宅のグラフ（表9-2）に容積率増加の断絶点が明瞭でないことは，現在まで，どうやら適正容積率による環境として，空間のゆとりは保たれてきたと思われる．しかし，都営住宅の建替え時期に入るこれからは，建設住戸数を伸ばすためには高容積密度にせざるを得ないことは明らかである．

都営住宅においても，住宅公団と同じ断絶点が，建替えの時期に入り建築容積を上げてくると，現れてくるだろう．適正容積を超えると都市型住居としての質の低下は免れないが，それは2000年を境にして現れてくるだろう．生活の質が求められる21世紀において，時代に逆行する現象である．

記事10-1　都営団地の建替え
（日本経済新聞970509）

キがそびえている風景がみられます．その道は人間のための街路であり，定住環境をつくっていたのです．このような住環境は再整備せずに，そのままに置くことが考えられてよいのではないでしょうか．新たな道路システムの整備をまず実行すればよく，旧来の街路の整備を急ぐ要因は薄いと考えます．何が急ぐ計画であり，計画実現の序列はいかなるものであるか——このことを改めて考える必要がありそうです．

むしろ，老朽化した公営住宅の建替えは，その切迫度からもっとも急ぐべき問題です．戸建て住宅による住宅地は，定住的環境として「狭いけれども楽しいわが家」の様相をもっていることから，早急に手を加えるべきものではありません．個々の住宅の建替えの時期に不燃化をしていくことが必要なことであり，建築基準法に従った個々の建替えが行われることによって災害対策は浸透していきます．

区画整理による道路整備も，定住的環境をもつ住宅地に対しては早急に実施する要因はないと考えられます．区画整理によって，代々住んでいた住環境は破壊され，新たな道路へ通過車輌を呼び込むことになります．区画整理によって，よりよい定住環境がもたらされるとは考え難いのです．幹線道路の整備は，都市として計画し実行されなければなりませんが，しかし，定住した住宅地にあっては，道路整備は早急の必要ではありません．むしろ，長い年月を経て住宅地がどのように変貌していくか，市民の動きをみる（住民参加）という方法があります．それによって区画割のサイズ（図10-4）*3 が決まってきます．定住都市環境の姿へ無理なく転換していけるような発展可能な区画割が，長期的視野で誘導されるべきでしょう．都市インフラ（上下水道の整備，エネルギー・通信網の整備など）は，初動のテーマとして施行されなければなりませんが，あるべき都市の姿は短期の視野で誘導してはいけないというのが都市計画の基本です．それは，再び変えなければならない劣った環境をつくることにしかならないからです．

定住環境が失われていく要因には，細分化され，小さく設定される区画整理によるものの他に，先に述べましたが，相続税によるものがあります．むしろ，この方が重大な問題を含んでいるのです．相続税がさらに宅地割を細分化し，定住市民を立ち退かせています．区画整理，道路

10-4 古い住宅街　千駄木5丁目（1999）
露路空間も定住都市環境には必要である．

10-5 文京グリーンコート（1999）
理研跡地の再開発．業務，商業，住居の混合開発における容積率417％はゆとりを生んでいる．在来の大樹は保存され地域の人達の憩いの場となっている．

住都公団文京グリーンコート容積率	
敷地面積	3.8ha
建築面積	1.5ha　建蔽率　39%
延床面積	18.2ha　容積率　417%
内訳	業務商業 14.6ha，住居 3.6ha

注：業務・商業を含めた混合再開発であって住居のみの団地ではないが，建蔽率39%容積率417%はかなり外部空間にゆとりのある計画である．住居はすべて住都公団の賃貸住居である．

岡山県営中庄団地容積率	
第1期	62%
第2期	60%
第3期	80%
第4期	74%

熊本市営新地容積率	
第1期	80.2%
第2期	76.4%
第3期	98.9%
第4期	45.9%
第5期	75.3%
合計平均	60.0%

注：第3期の容積率が高くなっているのは高層（10階建て）塔状棟を入れているためで，地上階のデザインコンセプトは各期共通である．

表10-2　公営住宅の容積率

整備など画一的な旧来の都市計画手法が施行されることによって定住環境が失われる以上の都市破壊を相続税が行っているのです（第8章3参照）．都市を創るためには，道路等インフラに関わる都市計画法の他に，相続税など他の法制が深く関わる事例といえましょう．

この他にも大店法等の商業法，介護や医療等に関する厚生法など，多くの法制が都市を創ることに関わります．

都市が成熟してくると，区画整理の手法が変わってくると考えられます．未開発の土地に新駅がつくられた場合に，常套的都市計画として行われる区画整理事業の方法と，成熟都市の都心に計画される区画整理とは，異なった手法がとられることは当然のことで，都市の経済力を背景に大きなロット（敷地割）の計画が可能になるわけです．このような場合には，大ロットにおける計画手法が確立されなければなりません．それは道路計画を主体としたインフラ（下部構造）の都市計画ではなく，そこに出現する都市の姿をイメージする上部構造のあり方を追求する都市計画となりましょう．都市はこのフェーズに入ることによって，ビルの乱立するカオス的姿から，より整合性のとれた美しい都市の姿へ変貌していくと考えられます（第10章事例参照）．〈新首都東京2300計画〉における埋立島は，短辺2 km，長辺3〜4 kmのスケールをもつのですが，水際をエッヂとするこのサイズのロットは，新しい都市を創るための最適サイズの候補地と考えられましょう．現時点（1999年）では，まだバーチャル首都である埋立島ベルト地帯とリアル首都である都心との間には東京都の臨海副都心が横たわっています．この地区がどのように区画割（ロットづくり）が行われ，どのような道路計画，そして，都市開発が行われるか，在来の手法とは異なる成熟都市の新たな計画手法によって計画されることが望まれます．

3. 副都心群の計画

東京都は，山手線沿いに副都心群の形成を描いています．新宿，渋谷，恵比寿，五反田，大崎，品川，池袋です（新首都に組み込まれている新橋，東京，上野は除きます）．それらは，それぞれの性格を与えられ，後背の住宅都市群と関連付けて計画されています．新宿は東京都庁を中

図10-4 区画割の比較
計画された街区と自然発生的街区（文京区本駒込，豊島区駒込）．

図10-5 新首都東京のグリーンベルト

心として業務，商業，文化の集積を狙い，中央線沿線沿いの後背都市人口と関係させています（記事10-2）．渋谷は商業，娯楽，レクリエーションに性格付けられながら東横線沿線の住宅都市と関係付けられ，大崎は……等という具合です．このように山手線沿いには，環状配置で副都心群が整備され，それらの後背の都市人口に関係付けられるということは，計画上の合理性に合致しています．これらがさらに，前述の跡地公園の緑化によって山手線沿線より内側の都心地区との間に明瞭な領域付けが行われるならば，理想とする姿に近づくことになります．ロンドンのグリーンベルトの考え方に近いもので，密度の高い都心と近郊都市間の緩衝帯となります（図10-5）．

副都心には中央省庁の出先は置きません．人員の削減された中央政府は新首都の官衙街の執務面積で十分で，現業部門（国土保全）は遠く地方都市に設置されることになるのですから．

4. 都市自治体の再編[*4]

山手線沿線の地域には，都市スプロールが典型的にみられます．終わりないスプロールは都市にとって好ましいものではありません．前節で述べた団地跡の公園は，スプロールし連帯していった都市を再び分節する緩衝帯として働くように位置することが好ましく，それによって，市域間の境界が明確となり，分節された個々の都市がより明瞭に姿を現します．

このように都市の領域を明瞭にしていく計画は，都市の再編につながることでもあります．たとえば中央線沿線都市（中野から吉祥寺まで）は，ベンチャーの指向をもった新しい産業の発展によって新しい市民生活を形成しつつあり，連帯を遂げつつありますが（記事10-2），このような連帯都市は自治体合併の政策に応じて，より強力な大きな都市としてまとまることが計られるべきでしょう．

大宮，与野，浦和3市の合併構想は，スプロールが連続する連帯都市がたどる道です．それらの連帯都市と副都心の間に，前述の跡地公園の緑が緩衝地帯として配置されていくとよいでしょう．そのような計画の狙いをもって公営住宅の建替えを進行させていくという都市計画が望まれます．

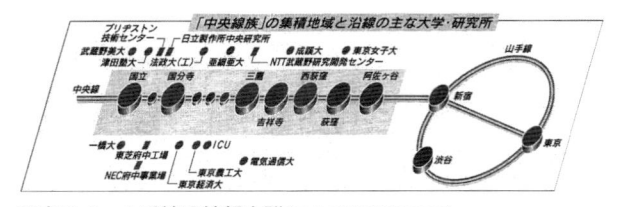

記事10-2　山手線沿線都市群（日本経済新聞970525）

100〜300年にわたる計画だが，新首都東京のバーチャル都市領域に埋立島が増え，都市型住居が建設される（老朽団地の建替えを主とする）に従って旧来の団地は緑地，公園化していく．それにつれてグリーンベルトが構成されていく（図10-5）．

- [*1] 「日照を"捨てた"新高輪アパート（都営）――都心団地で試みた「容積率300％」の成否」『日経アーキテクチャー』1999年10月24日号
- [*2] パリには都市整備を通して大きな公園をつくっている．ラ・ビレット公園，シトロエン公園，ベルレイ公園など（第3章4参照）．
- [*3] 区画整理がもつ問題点：細かい区画割によって新しい道路がつくることは好ましくない．
- [*4] 自治体再編については記事14-1参照．

■都市型住宅の諸タイプ

事例10-1　岡山県営中庄団地（1991～2000年）

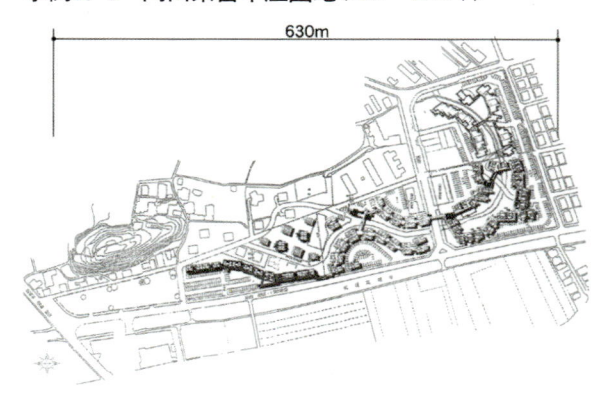

コミッショナー方式による建設

コンクリートブロック造平屋建ての500戸の県営住宅の建替え．打つ手返しの建設のため4期に分け，それぞれを異なった建築家がデザインしている．建設が都市内に面的に拡がっていくと，当然複数の建築家が設計に関与することになる．それらの建築家達は，コミッショナーキーセンテンスを出発点とし，「連歌」のような関係によってデザインしていく．既存の住棟への連携も考慮される．広い敷地が連続したものとしてとらえられている．この計画は，隣接する市営住宅の建替えへも波及している．

コミッショナー　岡田新一
設計　丹田悦雄，阿部勤，遠藤剛生，柳勝巳
敷地面積　4.1ha

10-6　建替え前（1991）

10-7　第1期完成（1995）
既存住棟をも計画に取り込む．

10-8　第1期（1998）
外部空間も住民が管理し，花を育てている．

10-9　第2期（1999）
空中歩廊から棟間の歩行者空間を見下ろす．

10-10　第3期（1998）
歩行者空間は3期へもつながる．容積密度は高層住宅を入れることで解決する．

10-11　環境との連繋（1998）
既存住棟も取り込んで連歌の手法で1期～4期へ連繋していく．

事例10-2　国際学生村コンペ案（1998年）

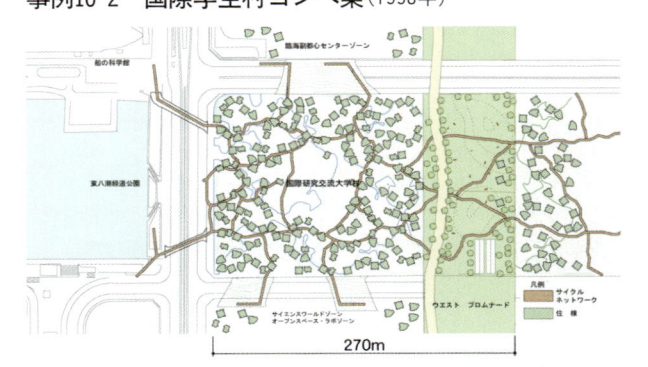

低容積密度による住区計画

臨海副都心に計画された国際学生村のコンペ（文部省主催）に応募した案である．学生村のように単一目的の住区としてではなく，老若男女を含む多層住区を意図して設計している．都心で建てられるべき住居は低い建築容積密度の公共公営賃貸住宅である．そして，豊かな空間をもったものを建設すべきであるという趣旨に沿った設計であり，小淵内閣の「空間倍増計画」（産業構造審議会）の政策に沿った豊かな住空間を創造するものである．

設計　岡田新一，荒川修作＋デルファイ研究所，松田平田設計事務所
敷地面積　3.3ha

第10章　東京都の改造計画　*121*

■都市型住宅の諸タイプ

事例10-3　ナナトミ，いわきリゾート（1987年）

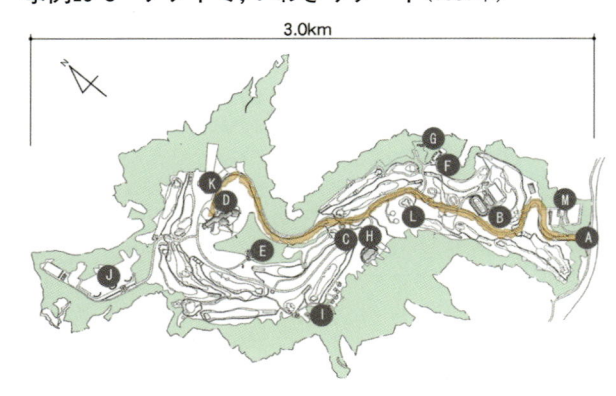

道路を周縁に通し中央を広くあける

敷地の半分を森林による緩衝帯として残し，内部を一団地として開発したリゾート計画である．東の入口ゲート(A)と対極をなす西端にホテル(D)を配置し，アプローチのための主幹線道路は道路敷地中央を通さず，周縁部に配置し，敷地中央に自由な計画を可能にする広いスペースをとる．諸施設の有機的なレイアウトが可能になる．

設計　岡田新一＋岡田新一設計事務所
敷地面積　300ha（100万坪）

10-12　切通しのゲート（1987）

10-13　クラブハウスを中心に置く（1987）

10-14　ホテル（1987）

10-15　ホテル（1987）

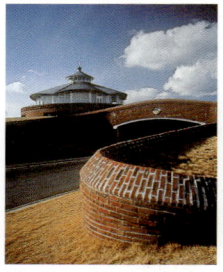

10-16　ゴルフクラブハウス（1987）

10-17　乗場クラブの塔（1987）

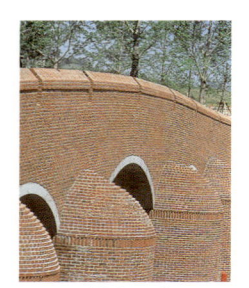

10-18　橋（1987）

事例10-4　青森芸術パークコンペ当選案（1998年）

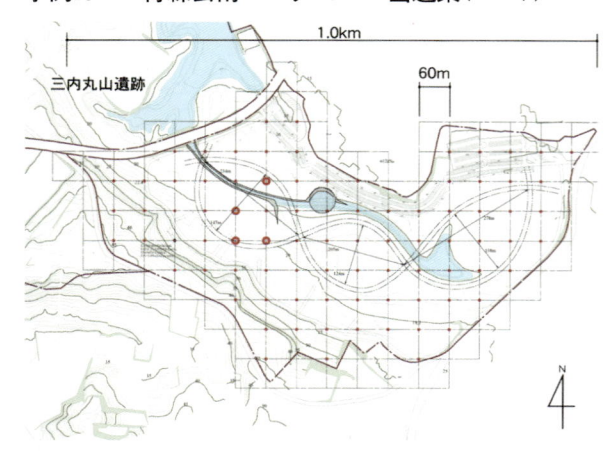

道路を周縁に通し中央を広くあける

三内丸山遺跡に隣接する敷地を青森芸術パークとして計画する．縄文ループ（道）の提案によって敷地中央にアート広場，パフォーミング広場，そして生活広場，三つの領域（広場）を設ける．幹線道路，副幹線（サービス）道路は敷地周辺に巡らし，中央を広くあけることによって縄文ループを導入することができた．

設計　岡田新一，北川フラム，川村善之／敷地面積　36ha

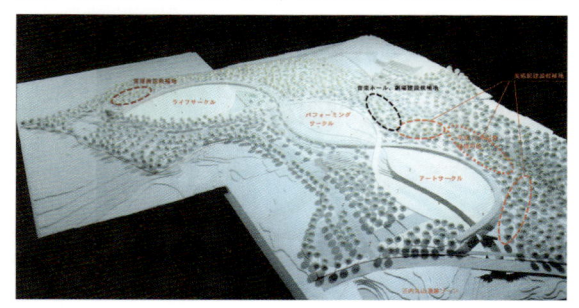

■都市型住宅の諸タイプ

事例10-5　ミルトン・ケインズ

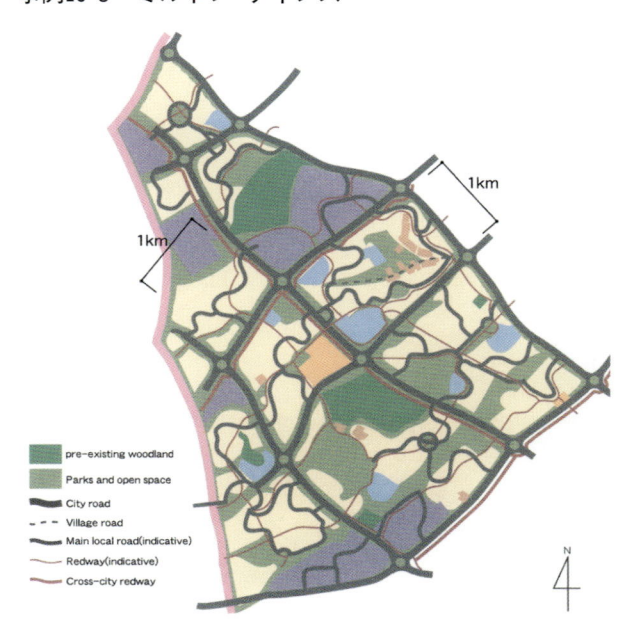

1km×1kmの街路計画

ロンドンから80kmの地域にニュータウンがつくられた．業務，生産を含めた職住近接のニューシティである．それまでの田園都市と異なり，直交グリッドの交通路によって支配される（1km×1km）．これをユニット（100ha）として住区が計画される．住区の中央部に歩行者のためのグリーンがとられ，住区間を連絡している．在来の農家，牧場，地域をネットワークする小運河など，多くの要素によって構成されている．

日本の都市では，1km（歩行ユニット）単位の密な都市デザインが行われていない．このことが町並形成からほど遠い連繋（コンティニュイティ）に欠ける都市をつくってしまう．ミルトン・ケインズは郊外都市であるが，都心においても同じことがいえる（事例10-6参照）．

凡例:
- pre-existing woodland
- Parks and open space
- City road
- Village road
- Main local road (indicative)
- Redway (indicative)
- Cross-city redway

10-19　周縁道路（1999）
10-20　ロータリー　地区内道路（1999） 
10-21　連続住宅（1999） 
10-22　都市センター（1999） 
10-23　都市センター内コンコース（1999） 
10-24　パブに利用された旧農家（1999） 
10-25　戸建住宅（1999） 
10-26　住宅の居間（1999） 
10-27　市内を流れる運河（1999） 
　　　　ヨーロッパ本土からのクルーズ．

第10章　東京都の改造計画

■ 都市型住宅の諸タイプ

事例10-6　ベルリンの都心

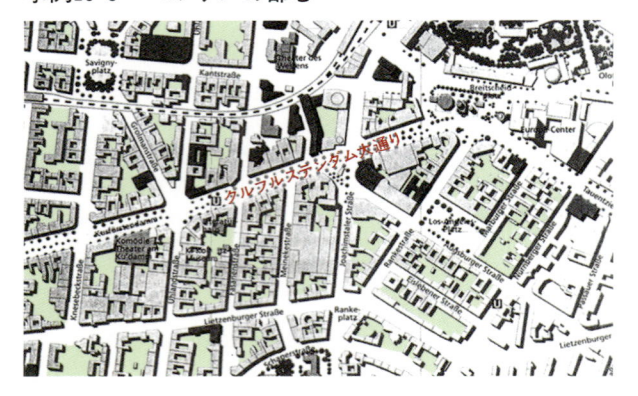

都心の住居タイプ

ベルリンの目抜通りであるクルフルステンダム街は，1階が店舗，2階以上が住居，小オフィスの建物が軒をそろえ，街路樹に飾られたブールバールである．一筋内に入ると様相が一変し，緑の多いパッサージュがとられ，都市型の集合住宅がつくられている．オペラ，音楽，美術の鑑賞など，都市の魅力を満喫しながら，豊かなパブリックスペース（小公園，レストラン等）に囲まれて都心に住む計画がここに実現している．市の周辺部に計画されたオフィスに通うため，出勤の交通事情は日本とは正反対である．

10-28　クルフルステンダム通り（クーダム通り）(1994)

10-29　クーダム通りのカフェ(1994)

10-30　クーダム通りの町並み(1994)
　　　1階店舗，上階は住宅．

10-31　パッサージュへの入口(1994)

10-32　パッサージュ(1994)

10-33　中庭(1994)

■ 小都市・埋立島計画に関する事例

事例10-7　OBP計画（1969年）

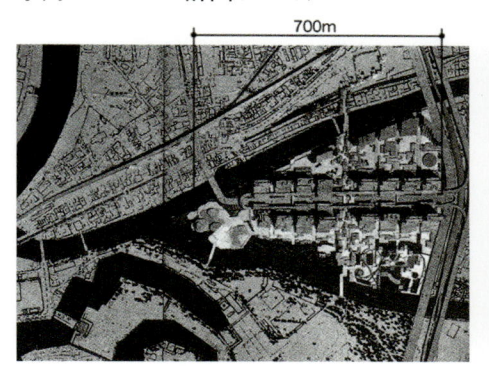

大阪弁天島計画．島全体を一団地として計画．中心軸に交通，サービス，業務等を配して容積密度を上げ，周辺の水辺の近くは容積を低く押さえ，住居，商業（レストラン等）を入れる．水辺は公園としている．
敷地面積　28ha

事例10-8　三原港計画（1971年）

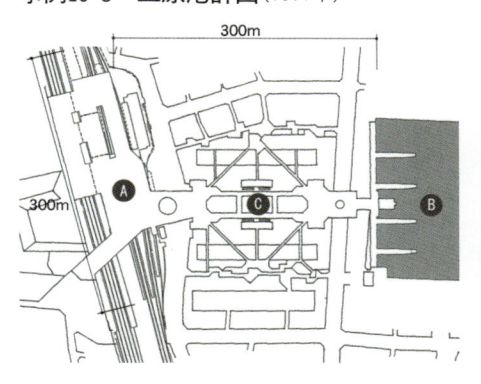

三原港計画は，新幹線が停ることになった時期に計画したものである．駅と港は300mという至近距離で，それはプラットフォームの長さに等しい．港と駅とを一つのゾーンとしてまとめた計画である．
敷地面積　2.8ha

事例10-9　蘇我臨海部整備計画（1997年）

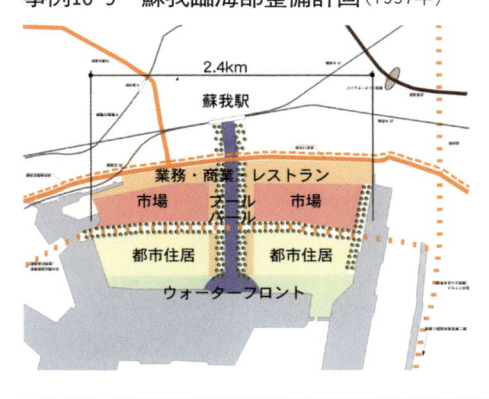

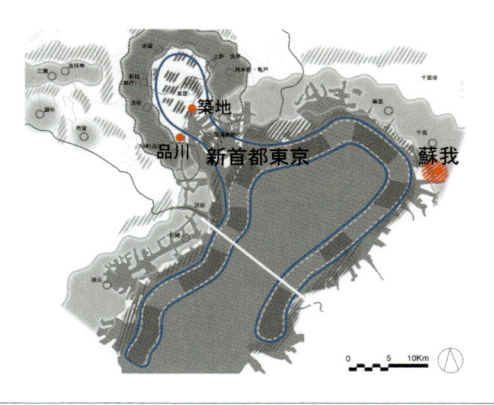

川鉄跡地の計画である．区画割を行うのではなく，地区全体にわたるシステム・マスタープランを提案している．
卸売市場，そこに働く人々の都市型住居，訪れる人々のための諸施設が総合的に配置され，それに次いで道路等の都市としての骨格が決まっていく．
敷地面積　300ha

区画割と道路計画

現在の都市は，まず区画割（ゾーン化）が行われ，次いで都市インフラが整備される．区画された敷地に斜線制限，日照規制，壁面線指定，空地指定等の多くの規制に従って建物が建てられる．
それでは地域としての総合的な組立てを全体計画の中に持ち込むことは不可能である．1km，2kmという単位（歩行モデュール）によることが前提であるが，土地を大きくとらえることによってそこに創られる都市の姿はまったく変わったものになる．一団地の上にグランドプランをイメージし，システム・マスタープランをかぶせ，次いで主幹線道路を描き，その先にヒエラルキーに応じたさまざまな要素，副幹線路，歩路，露店等のアクセスや住居，商業，業務等の目的空間を配置していく．都市設計の手順を秩序立てることによって，より整合された，統合的都市が創られていく．
ナナトミ，いわきリゾート，青森芸術パークコンペ当選案などは主幹線路を一団地周辺に配した例であるが，OBP計画では中央に軸を置いている．〈新首都東京2300〉で提案している埋立島小都市では，海面に囲まれるという特性を生かして，主幹線は島の内部，または陸地から島へ渡った地点に集約して配置されることになろう．

第10章　東京都の改造計画　125

■ 都心業務地区計画事例

事例10-10　汐留B地区コンペ案（1997年）

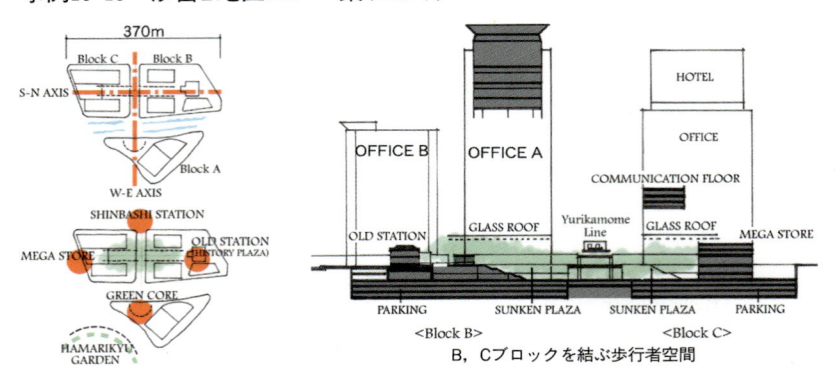

B，Cブロックを結ぶ歩行者空間

事例10-11　品川JR跡地開発計画（1997年）

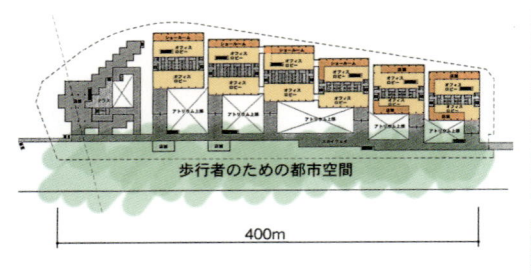

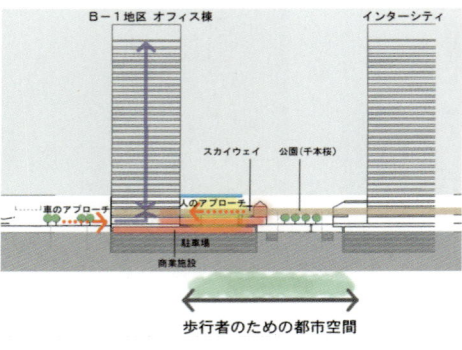

事例10-12　八重洲計画（1997年）

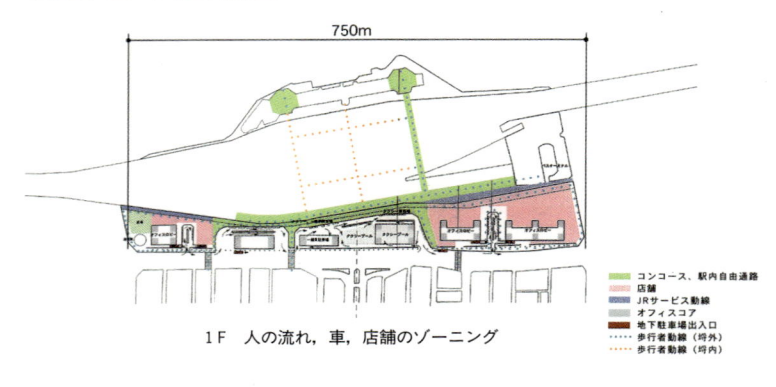

1F　人の流れ，車，店舗のゾーニング

総合街区計画

1 km，2 kmの歩行モジュールで土地（敷地）を扱うことは，都心地区にあっても同様である．現行の都市再開発のように，現存する道路による区画割の中で再開発を計画するようでは，十分に整合された都市計画はおぼつかない．とくに国鉄清算事業団によって広大な敷地（汐留地区25ha，品川地区15ha）が放出されたことは，昭和20年，戦災によって出現した焼野原に匹敵する実に大きな都市的出来事であった．

現在はこの広い敷地を購入した企業，不動産業がそれぞれの敷地に計画を立てている状況で，全体を統括するグランドデザインが不在である．これでは，今までの都市と同じように，部分的には優れたデザインの開発はできるであろうが，在来の都市と変わらないレベルの都市が創られることになる．

これまでの諸事例でみてきたような，歩行モジュールによってくくられた一団地のグランドデザイン，そして，システム・マスタープランの方向付けを行い，個々の計画が，岡山県営中庄団地でとられたような「連歌」の手法によってつくられていくならば，都市の様相は変わっていくであろう．

■都心業務地区計画事例

事例10-13　丸の内計画（1999年）

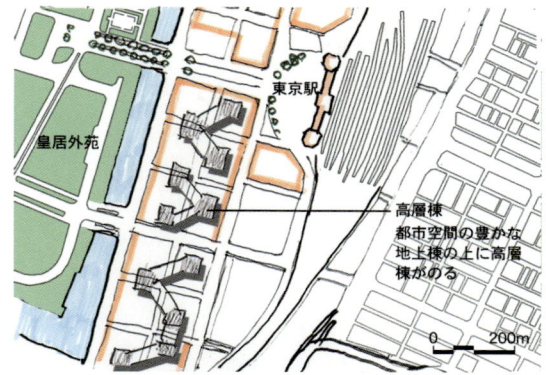

街区をつくる地上棟の壁面と高層棟との関係

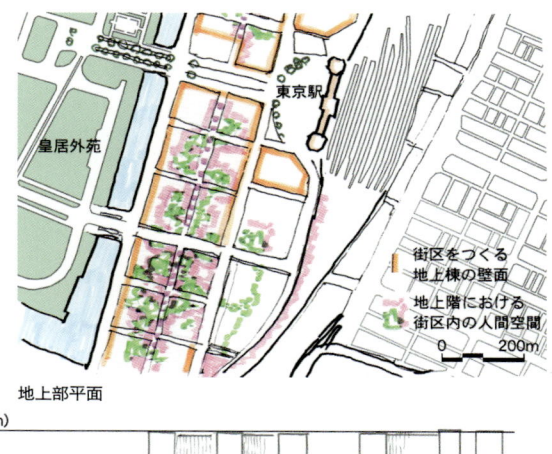

地上部平面

歴史的景観を継承し，東京駅正面の軸（行幸通り）と皇居・日比谷濠に面する街並みを整えるため，31m（現行軒高）の軒高・壁面の規制を存続させる．丸の内街区の低層部は人間のための都市空間を主テーマとして整え，建築容積は塔状の超高層棟によって受けもたせる．超高層棟の下部（30m程度）はピロティとして低層部とは分離する．

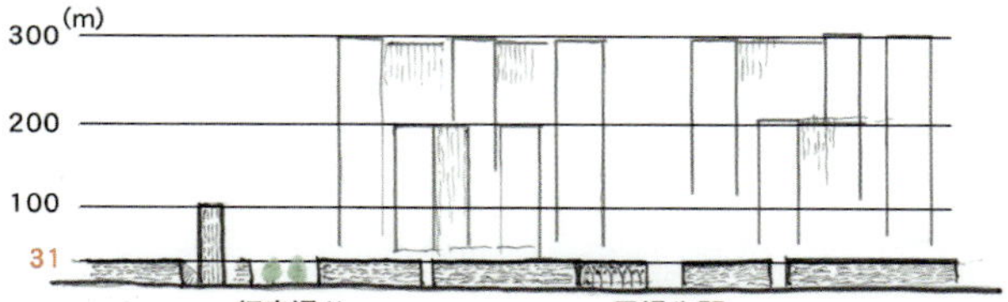

10-34　行幸通り（1999）	10-35　東京駅前広場（1999） 整備が必要とされる．
10-36　明治生命館（1999） 設計　岡田信一郎（1934年）．	
10-37　皇居へのビスタ（1999） アイストップに欠けている．	10-38　東京駅（1999） 戦災による復興．設計　辰野金吾（1914年）．
10-39　日比谷通り（1999） 31mの軒高をそろえた町並み．	

日本の首都東京の顔

丸の内地区は，東京駅，皇居という首都にとってははなはだ重要な核をもつ広大な土地（22ha）である．この地区にこそ，グランドデザインとシステム・マスタープランが求められる．

ここでの提案は地上レベルに近い低層部を歩行モジュールによって計画し，容積は高層棟によって求めるというコンセプトが適用されてよいだろう．歩行者にとっては視界に入り，歩みを進める地上レベルの計画が問題であり，空間，緑，店舗，飲食，光，風など人間的諸々の要素が計画されなければならない．しかし，低層部のみで容積を増すことは不利である．容積は高層棟で補うことになる．高層棟は板状とせず，塔状にする．このことによってスカイラインに隙間ができ，地上部に対する日影の影響を和らげることができる．高層建築は，いくら高くても景観には影響しないと考えられる．遠方から都市のシンボルを表現するのは，高層建築のシルエットである．

第11章　首都D.C.と業務金融都市の併存

首都移転論では，アメリカのワシントンD.C.とニューヨークを例にあげ，首都ワシントンが首都機能を，ニューヨークが経済金融を中心とする業務機能を分担する二心構成を例にあげ，首都機能と商業業務機能とが分離されるべき規範としています(図11-1)．しかし，アメリカの場合には，200年前の独立の経緯からワシントンD.C.が政治首都としてつくられたわけであり，必ずしも政経分離の思想によって二つの都市が存立してきたわけではありません．

パリも，ロンドンも，政経分離都市を意図するものではなく，それらが混在する複合都市を形成しています．ベルリンでも首都機能がボンから移り，首都整備が行われると同時に，ポツダム地区にはダイムラーベンツ本社やソニーセンターなどが建設され，業務機能が集まりつつあります．

〈新首都東京2300計画〉は，中央官衙街を中心とするリアル都市の首都と，東京湾岸に千葉から横浜にかけて展開する海上ベルト状都市とで新首都が構成されます．海上ベルト状都市はさしあたってはバーチャル都市ですが，埋立てによって次第にリアルな姿を現してきます．それらは，ワシントンD.C.のような首都機能と深く関わる東京D.C.（District of Capital）とみることができましょう．

バーチャル都市に向き合う東京湾ウォーターフロントは，幕張，臨海副都心，汐留，品川，天王洲，川崎，みなとみらい21など現在，開発が盛んに行われています．また，リアル都市に面する副都心群，五反田，渋谷，新宿，池袋などの整備も進められています．これらの地帯は業

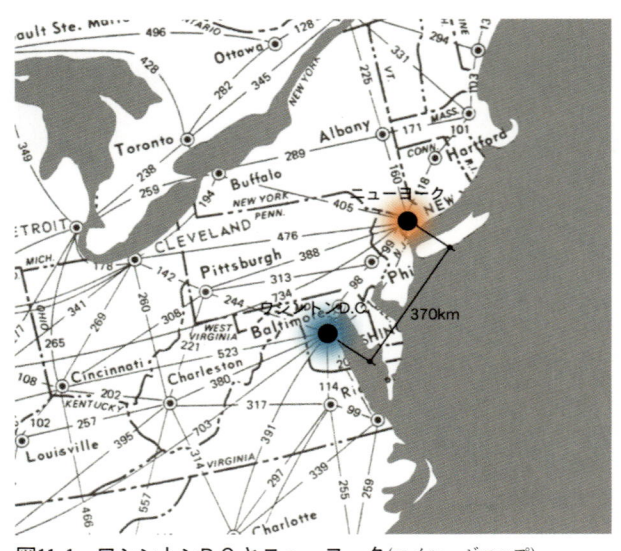

図11-1　ワシントンD.C.とニューヨーク(マイレージマップ)

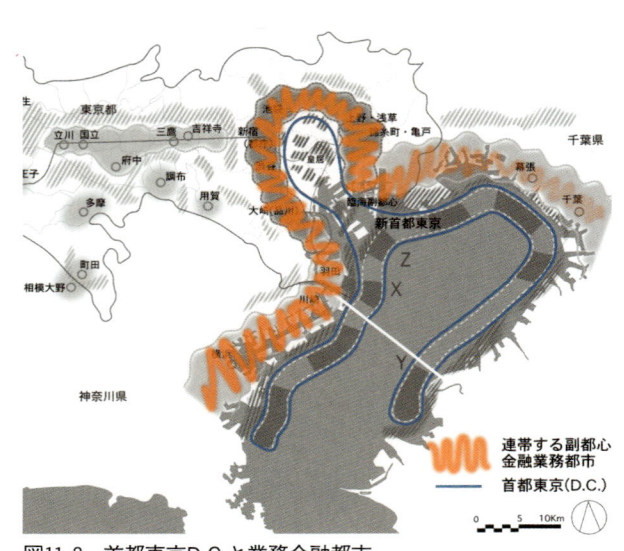

図11-2　首都東京D.C.と業務金融都市

務を中心とする高密度開発で，いわばニューヨーク，マンハッタンに近い商業，金融都市の性格をもつようになるでしょう．

東京湾を広場として取り囲み，組み合わされた新首都と業務都市とが，機能分担しながらも密接な関係をもって配されるという理想的な都市形態をとることになります（図11-2）．

情報革新の時代のインターネット網の拡充によって，場所性のもつ意味は薄らぎ，都市の性格は変わってくることが予想されるといわれます．とはいえ，金融ビッグバンに敏捷に対応しなければならない時代に相応しい業務都市と首都が密に組み合わされる都市構造は，発展の可能性に満ちたものとみることができるでしょう．

11-1　首都東京中央官衙街　最高裁判所（1988）

11-2　新宿（1999）

11-3　ワシントンD.C.　国会議事堂（1964）

11-4　マンハッタン（1991）

11-5　ベルリン　国会議事堂（1999）

11-6　ポツダム広場　業務地区（1999）

第12章 地方分権と地方都市

新首都東京を建設することと地方分権とは，併行して進められるべきものであることは，第6章1で述べました．したがって，新首都東京の計画に併せて地方都市のデザインが述べられなければなりません．

地方分権による地方の時代を迎えて，地方都市はそれぞれの風土，環境，歴史を踏まえ，産業，文化に調和した個性ある都市が，定住都市環境として創られなければなりません．地元出身者や地域に関係した多くの人達が都市のデザインに関係し，独特な地方都市を創る時代です．

1. 函館

1976年より2年間にわたって「地方都市の魅力委員会（自治省）」のメンバーとして，函館市西部地区（旧港湾地区および函館山を含む地区）の調査を行いました．以来20年近く当地区に関わってきました．また1988年には，運輸省港湾局指導による「ポートルネッサンス21委員会」の委員として，ウォーターフロント計画の提案に加わっています．

1988年，青函博が旧函館ドックを主会場として開催された折に，「函館ロープウェイの新築建替え」，函館金森倉庫（明治40年建設）をビヤホールおよび物販店に再生した「函館ヒストリープラザ」，日本郵船の引込水路およびレンガ倉庫（明治40年建設）をレストランに再生した「BAYはこだて」を含めて数件にわたる設計を，北海道岡田新一設計事務所を中心として行いました．

それらは新しく設計されたものと，歴史的建築または既存建物の保存再生利用を計ったものの

12-1-1　ロープウェイ展望台（1996）

12-1-3　展望台内部（1992）

12-1-5　基坂（1988）

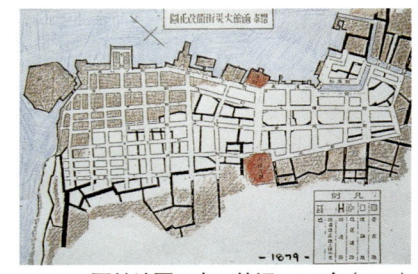

12-1-2　旧展望台（1986）

12-1-4　昔のウォーターフロント（1988）

12-1-6　函館地図の中の基坂　1879年（1988）

12-1-7　最近の函館ウォーターフロント

1977年に行った自治省「地方都市魅力研究会」のレポートでは，ウォーターフロントのレンガ造倉庫の構造を利用して生活施設に再生させることを提案している．平屋の倉庫の改造であるから，建築容積100％以下の低容積密度開発で，それ故により広い面的開発が可能になる．その様子が，図12-1-1の再生建築の配置図から読み取ることができる．

古地図(12-1-6)にみられるように，函館西部地区は基坂を基軸として発展した．坂上には支配者の館が，坂下には港へ出入りする船舶を管理する税関が置かれていた．

図12-1-1　函館西部地区の再生建築配置図

● 歴史的建築　　● 蘇生した建築　　● 草の根的再生運動
　　　　　　　　（北海道岡田新一設計事務所設計による）

1　旧函館区公会堂
2　旧税関（海上自衛隊）
3　基坂
4　旧北海道庁函館市庁舎（旧渡島支庁舎）
5　旧開拓使函館市庁書籍庫
6　旧ロシア領事館
7　函館中華会館
8　ハリストス正教会
9　元町カトリック教会
10　旧金森洋物店
11　旧相馬合名会社
12　太刀川家住宅店舗
13　旧日銀
14　函館山ロープウェイ展望台
15　函館山ロープウェイ山麓駅
16　函館ヒストリープラザ（金森商船倉庫改修）
17　BAYはこだて（日本郵船倉庫改修）
18　函館シーポートプラザ（旧青函連絡船待合所改修）
19　開港記念館（旧イギリス領事館復元）
20　函館ドック再開発計画
21　東日本ジェットフォイルターミナル
22　いるか807（情報複合施設新築）
23　ホテルニュー函館（旧安田銀行函館支店）
24　カリフォルニア・ベイビー（旧特定郵便局）
25　ハーブ・アンド・ハーツ
26　ユニオンスクエア明治館（旧函館郵便局）
27　ネイビーズ・クラブ
28　ロフト
29　カフェ二十間坂
30　唐草館（旧医院）
31　ペンギンズバレー
32　ペンション古稀庵（旧渡辺商店）
33　ひし伊
34　金森美術館 バカラコレクション（旧金森船具店）

12-1-8　再生された金森倉庫(1988)

12-1-10　再生されたウォーターフロント(1996)

12-1-12　再生された金森倉庫(1988)

12-1-9　24年前の金森倉庫(1976)

12-1-11　14年前のウォーターフロント(1986)

12-1-13　ビアホールとして再生(1990)

双方を含んでいますが,すべてに共通した設計理念は,「歴史とともにつくられ蓄積されてきた環境のコンテクストを承けるデザイン」を西部地区全体に提案するというものです.

それらは,以前から草の根運動としてあった再生――たとえば,レンガ造りの旧郵便局を保存再利用した「明治館」,木造簡易郵便局を再利用したコーヒーショップ「カリフォルニアベイビー」等――と一脈通じるコンセプトです.同じ意図をもったプロジェクトが,点から線,線から面と展開していくことによって,後発のプロジェクトをさらに誘発し,この地区は次第に充実の度を加えていこうとしています.

要点1:デザインコンセプト
1. 都市の歴史への配慮
2. 地勢,風土の把握
3. 先人たちが土地にどのような都市構造を築いてきたか
4. 歴史的建築の保存・再生
5. 新しい建築をコンテクストの中にどのように象嵌するか

要点2:容積300％都市

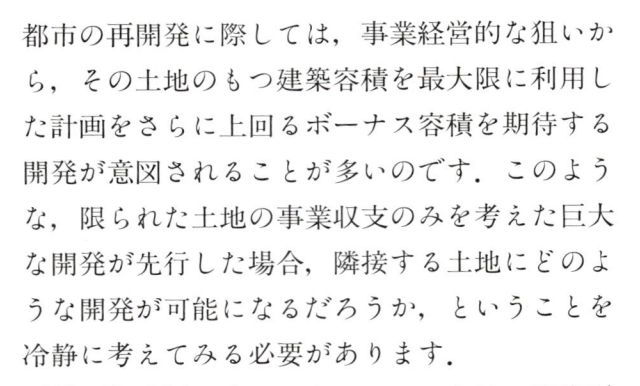

都市の再開発に際しては,事業経営的な狙いから,その土地のもつ建築容積を最大限に利用した計画をさらに上回るボーナス容積を期待する開発が意図されることが多いのです.このような,限られた土地の事業収支のみを考えた巨大な開発が先行した場合,隣接する土地にどのような開発が可能になるだろうか,ということを冷静に考えてみる必要があります.

函館西部地区のウォーターフロントは,旧青函連絡船埠頭(若松埠頭)から旧函館ドック跡地まで3.5kmの水際線をもっています.この地区全域の繁栄を考えた場合,需要床面積を一点に集中し,経済効率を優先した大規模プロジェクトを計画するのではなく,将来にわたる需要総床面積を都市地区全域で受けもつような低容積の面的に拡がった開発を計画することが好ましいのです.即ち,点より面の展開を実施することです.西部地区では,平屋建てのレンガ倉庫の再生利用ですから,容積率100％に満たない開発を先行させているので,この方式を継承するならば需要床面積を広く線から面へ展開することができます.そのような開発ならば,それを3.5kmのウォーターフロントに拡げて展開し,

12-1-14　再生されたBAYはこだて(1996)

12-1-16　英国領事館の再生(1992)

12-1-18　FMいるか館(1993)
新しく建てられた建築.

12-1-15　13年前の倉庫(1987)

12-1-17　再生された英国領事館(1993)

12-1-19　ハリストス教会(1996)
山の手のシンボル.

西部地区全体のポテンシャルを高めることができます．

今後，函館駅周辺（CBD＝都心）の再開発が計画されますが，CBDのみの効率を考えるのではなく，西部地区全体の中の一環としてのCBDという考えに立脚して，建築容積密度を適切に計画するのが妥当です．西部地区の容積は「300％都市構想」に示しているように，その市域全体の建築密度と都市デザインの関係から求められる環境容積によるべきでしょう*1．

*1 『OSシリーズ1 都市を創る』岡田新一／彰国社／P42〜57

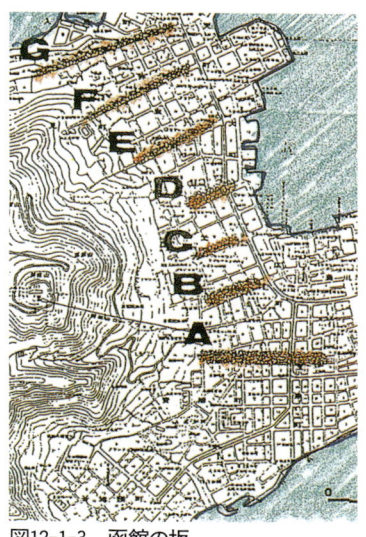

図12-1-3 函館の坂

A．護国神社前の坂（高田屋通り）
B．二十間坂（にじゅっけんざか）
C．八幡坂（はちまんざか）
D．基坂（もといざか）
E．弥生坂（やよいざか）
F．幸坂（さいわいざか）
G．船見坂（ふなみざか）

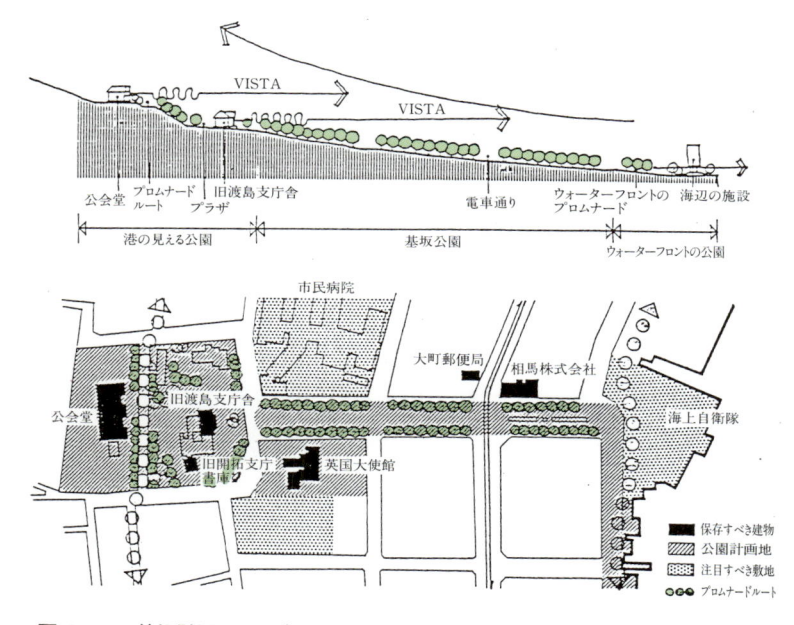

図12-1-4 基坂計画 1979年

12-1-20 シーポートプラザ（1996）
在来の連絡船乗場に大屋根をかける．

12-1-22 BAYはこだて（1988）
改装後．

12-1-24 朝市（1990）

12-1-21 旧青函連絡船乗場（1989）
シーポートプラザに改装する前の姿．

12-1-23 日本郵船引込水路（1976）
改装前．

12-1-25 基坂下の相馬株式会社（1992）

2. 岡山

クリエイティブタウン岡山（CTO）について

岡山県は，1991年より4年間を第1期，1995年から4年間を第2期として，CTO（クリエイティブタウン岡山）と呼ばれるプロジェクトを発足させました．これまで，全県下で多くの公共および民間のプロジェクトが実現をみているわけですが，それら個々のデザインの間には何らの関連も考慮されていないのが通例ですから，調和し定着した姿をもつ町づくりが実現されるわけがありません．

現代の都市環境のこのような欠点，また周辺環境とはまったく関連をもたない建設によって生じる歴史的環境の破壊に対して歯止めがかからないだろうか……，CTOはそのような設問に対する解答の一つとして設定されたプロジェクトです．在来の建設にみられる欠陥を乗り越えて新しく，また歴史的環境に脈絡する町並みをつくるには，地域に相応しいと考えられる特定の見方でプロジェクトの設計者を選定することが求められます．このように選ばれた建築家たちの真摯なデザイン努力の積み重ねによって都市環境を育成し，醸成させていくことができるという狙いがあります．

CTOはこのような考えに立って，岡田新一をコミッショナーに任命し，1991年から1998年まで2期8年にわたり，33件のCTOプロジェクトを実施してきました．コミッショナーの役割は上記の考え方に従って，県および市町村・民間施設の設計者を選定し，事業主に推薦することです．

CTO新倉敷の場合

同じ自治体で，同じ地区に複数のプロジェクトが計画されながらも，事業主体となる管轄部所が異なると何らの相互関連が追求されることなく，個々別々にそれらのプロジェクトが建設されてしまうのが実情です．CTOコミッショナー制度は，このような縦割行政のバラバラになった歪みを横つなぎにして，調和ある統合をもたせることに大きな役割をもっています．

〈CTO新倉敷〉では，コミッショナーの提案によってこのようなことが行われました．
はじめ，作陽学園の新倉敷進出による学園地区の建設をCTOに乗せられないか，との相談が

12-2-1　CTOメダル（1996）

12-2-2　玉島北中学体育館（1996）
設計　重村力（いるか設計集団）＋倉敷建築設計センター（1996年）．

12-2-3　玉島北中学（1996）
水路越しに教室をみる．

A．玉島北中学校
B．倉敷金光線
C．学園地区
D．低密度戸建て住宅地（自然地形住宅）
E．既存集落
F．県道の景観整備
G．戸建て住宅地
H．給水塔公園
I．文化施設
J．駅前商業業務系市街地
K．渚筋

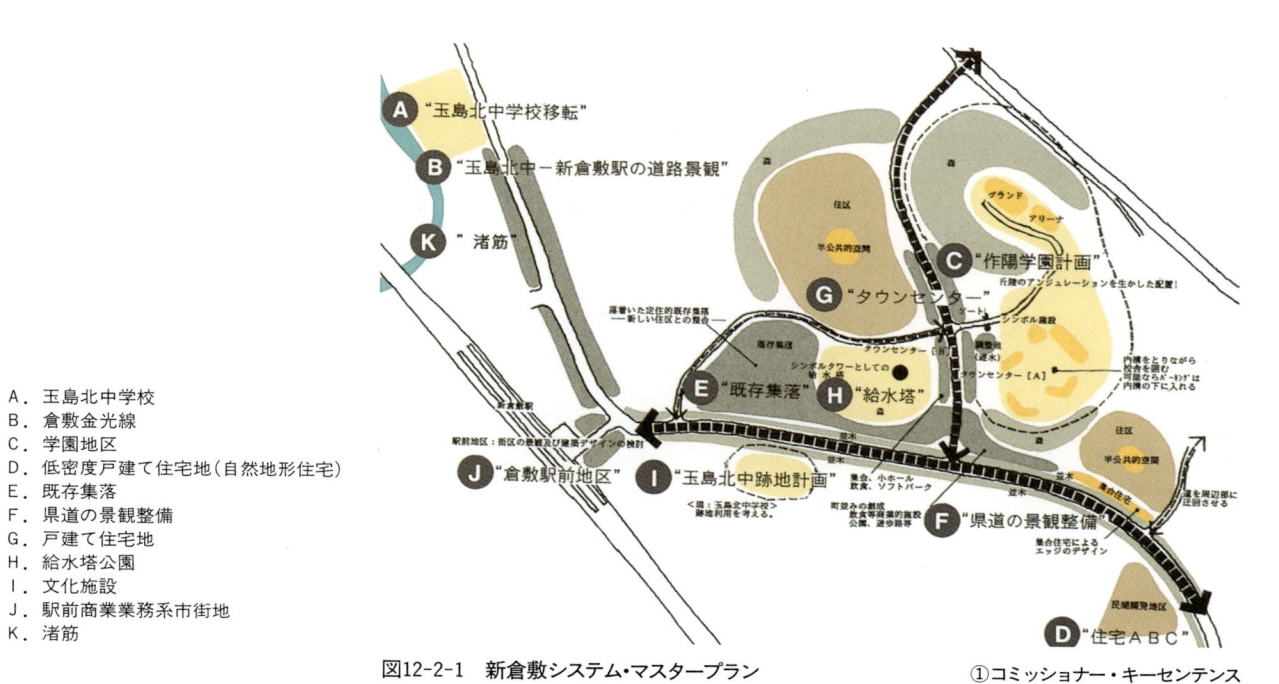

図12-2-1　新倉敷システム・マスタープラン　　①コミッショナー・キーセンテンス

「コミッショナー・キーセンテンス」に表明された提案により，複数のプロジェクトを相互に関連づける．タテ割組織によって建設される個々の建物をヨコに連携させることによって，都市は創られていく．

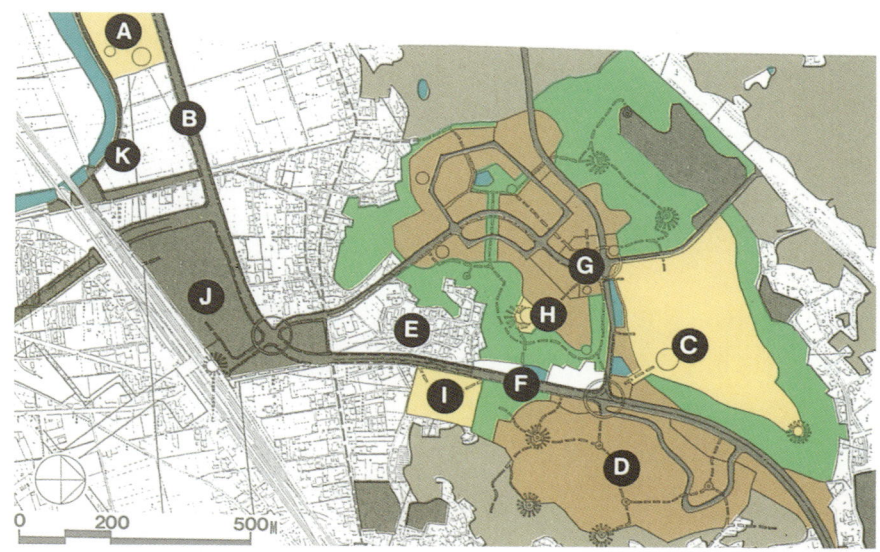

図12-2-2　倉敷市西部研究学園地区・新倉敷地区基本構想　　②町づくり計画：松波龍一

12-2-4　作陽学園（1996）
設計　吉村順三（1996年）．

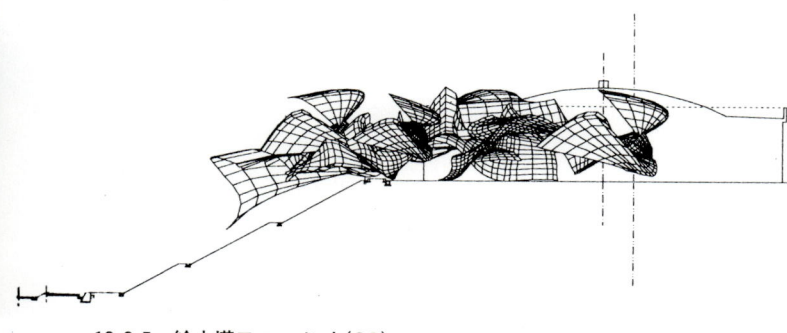

12-2-5　給水塔モニュメント（CG）
設計　浜田邦裕（未着工）．

第12章　地方分権と地方都市〈岡山〉

倉敷市の大規模プロジェクト室から寄せられました．聞いてみますと，その他に玉島北中学の移転が教育委員会で立案中であり，また将来この周辺は住宅地としての開発(市住宅局)，人口増加に伴う給水塔(市水道局)の建設，そして都市化のため道路新設整備(県)，新倉敷駅前の区画整備による都市化(市都市局)などの計画が目白押しに計画されていることが分かりました．しかし，個々のプロジェクト間のデザインコントロールは何ら考慮されていない状況です．函館の西部地区でも，民間，公共を含めたいくつかのプロジェクトを固有のコンセプトによって建て続けることにより，点が線となり，面に展開し都市の固有性を現していくことを経験していましたので，新倉敷地区においても同じような手法により，複数のプロジェクトを連携づけることによって町づくりができると考えました．このような考えに立って〈コミッショナーによるキーセンテンス〉(図12-2-1)を提案しました．多くのプロジェクトが統合される「町づくり計画(都市計画)」を意図するものです．しかし，それぞれの事業主体の縦割制が強いため，意図したような十分な統合(とくに土木と建築の関係)ができずに終わりました．

個々のCTOプロジェクトでは，その地区の環境的な文脈の中への組み込みを〈コミッショナー・キーセンテンス〉として提示することによって方向づけます．〈CTO新倉敷〉の場合には，複数のプロジェクトを相互に関連づけるためのマスター・ダイアグラムをキーセンテンスとしています．旧倉敷市に対しては建築家・故浦辺鎮太郎氏による強いイメージが定着し，地区のアイデンティティを固めています．しかし，倉敷市は旧倉敷，玉島，児島3市の合併によって都市化されているために，新倉敷と呼ばれる玉島地区は，旧倉敷とは異なったアイデンティティをもって固めてよいと考えました．したがって強い個性を表現するという視点から建築家を選定し，市へ推薦しました．

岡山市の場合

岡山市の都心地区(CBD)は，山陽本線(新幹線)と旭川間の1kmを結ぶ都市軸(桃太郎通り)を中心とした1km×1kmの範囲にしぼられています．スプロール現象がみられる多くの日本

12-2-6　岡山市立オリエント美術館(1979)

12-2-7　オリエント美術館の中心空間(1997)
設計　岡田新一(1979年)．

12-2-8　中央吹抜(1979)

の都市に対して，1km四方の範囲に都心が集中し，まとまっていることは岡山市の大きな特徴です．

一方，他都市と同じように都心地区の空洞化も進んでいます．この傾向を抑え，活性化した都心を取り戻すためには，この限られた1km四方の都市計画をシステム・マスタープランに沿って行うべきでしょう．個々バラバラに進行している計画がシステム・マスタープランによって統合されることによって都心の景観に連帯感がもたらされ，都市空間が連続し，市民がより多くの時間を都心で費やすことができるようになります．市民の生活が都市の中に戻ってくるのです．

図12-2-3　岡山市の都心構造
1kmの歩行モデュールによってつくられている．

＊参考文献：
『SD』1996年1月号
『OSシリーズ1　都市を創る』岡田新一／彰国社／P7〜

12-2-9　岡山県立美術館
　　　　郷土作家展（1997）

12-2-10　岡山県立美術館入口広場（1987）
　　　　設計　岡田新一（1988年）．

12-2-11　県道に接するアーケード
　　　　（1987）

3. 横浜新港地区

横浜ウォーターフロント300％都市構想

〈新首都東京2300構想〉の一環として，そしてより現実に近いプロジェクトとして，横浜新港地区を取り上げることができましょう．

ここは，みなとみらい21地区と山下公園，元町地区を結びつけるウォーターフロントの重要な位置を占めています．しかも，その大半が公有地です．新首都東京のバーチャル都市の構想を実在化させるために横浜新港地区は最適地です．新首都東京の埋立島に類似した条件と考えられましょう．

経済を基盤とする民間企業とは異なり，「公」の建設はより遠くの高い目標に視座を据えるべきです．現在，国有地は都市計画に利用できない制度になっています．しかし，計画の内容が次世紀の日本を支えるものであり，多くの国民が関わる都市生活の再生を計るプロジェクトであるならば，国有地を都市として開発することに特別の配慮がなされて然るべきでしょう．この機会を逸すれば，都市の劇的な再生の機会は失われてしまうでしょう．

定住都市モデルを実現するもっとも身近なものとして，横浜新港地区における公共(国および市)の役割に期待されるものは大きいのです[1]．

*1 『OSシリーズ1　都市を創る』岡田新一／彰国社／P130〜

図12-3-1　赤レンガパークを取り込むウォーターフロント・プロムナード

図12-3-2　引込水域を囲むホテル群

図12-3-3　波静かな内水域周辺の開発地区

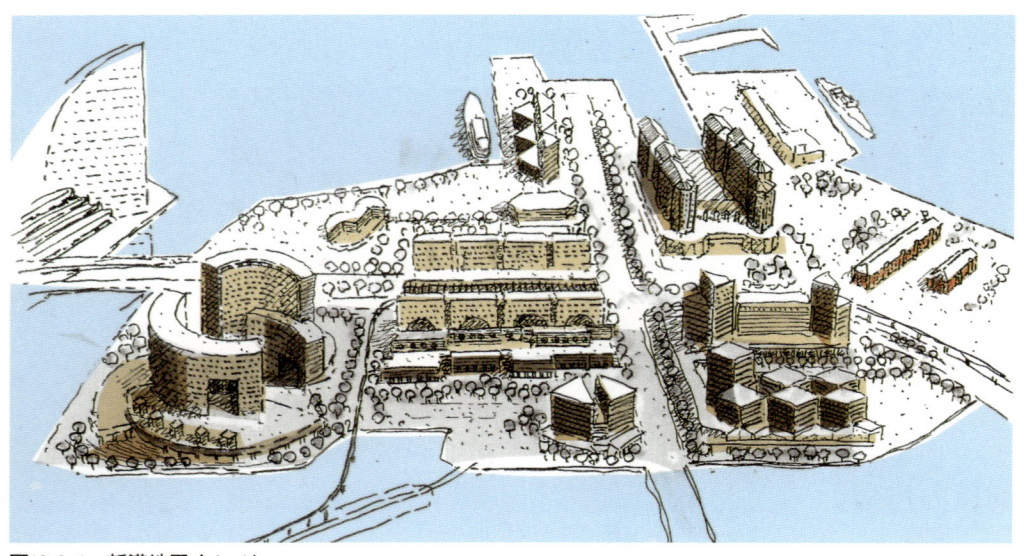

図12-3-4　新港地区イメージ

図12-3-5 デザインセンターとオフィスと住居の接するデッキと広場

新港地区

計画内容
a．港湾施設
b．住に関するデザインセンター（インポート、エクスポートマーケット）
c．関連業務施設
d．赤レンガ倉庫を中心とするレジャーレクリエーション施設
e．ホテル群
f．公営住宅
　ウォーターフロント・プロムナード

バーチャル都市領域

既存公共埋立地
H．横浜・新港北仲通北地区
I．川崎沖埋立地区
J．羽田沖埋立地区
K．天王洲地区
L．13号地・有明埋立
　（臨海部副都心）

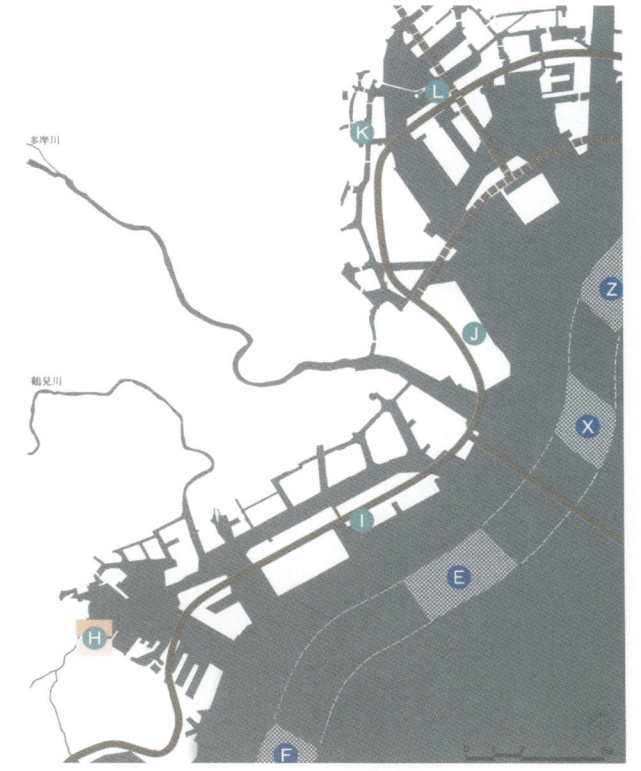

図12-3-6 横浜ウォーターフロント300％都市構想図

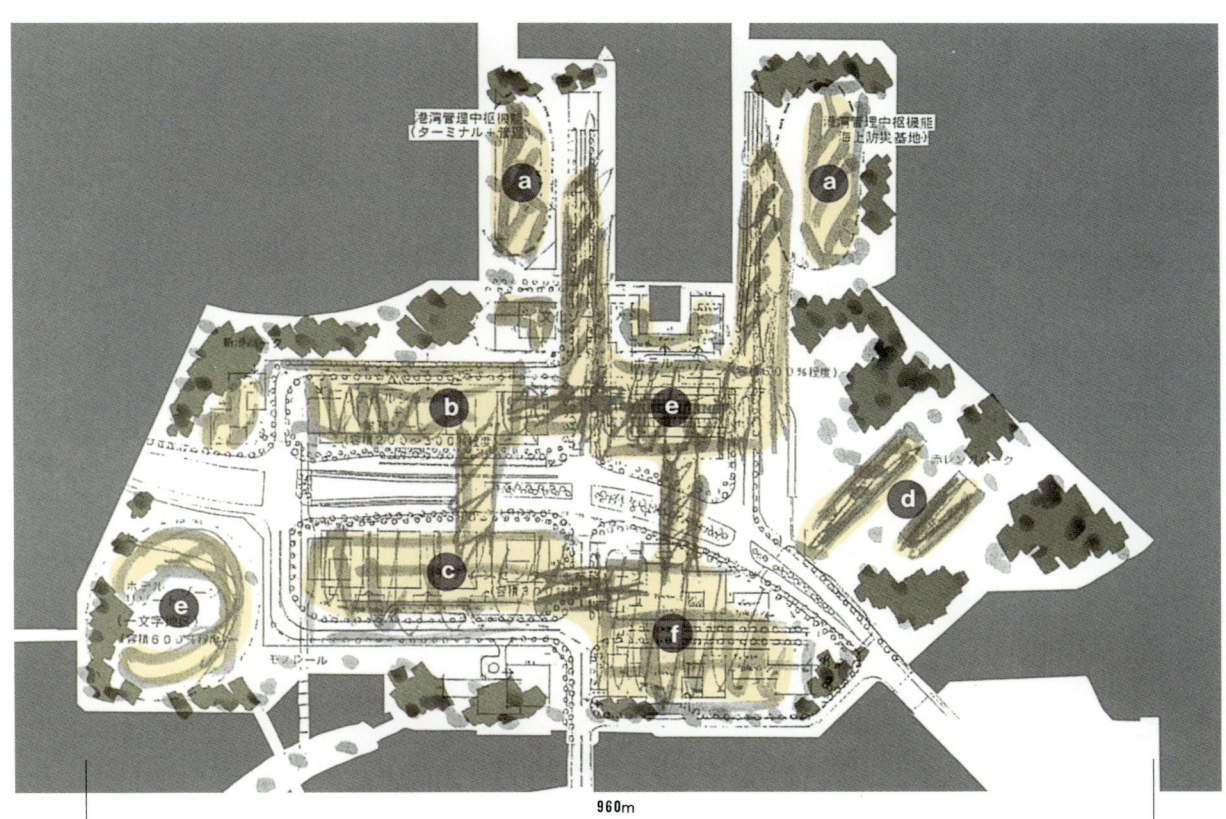

図12-3-7 新港地区ゾーニングイメージ図

第12章 地方分権と地方都市〈横浜〉 139

4. 沖縄

現在，日本は北海道から沖縄まで，一つの規制によって律せられています．都市計画法，建築基準法，諸税制，流通規制等々，同一制度の網がかけられています．

ロシアとの領土問題をかかえる北海道，そして中国，台湾に近い沖縄，四面を海に囲まれる本土，それぞれの条件はあまりに違います．北海道，本土，沖縄それぞれに特化した柔軟な制度によって国土創りが考えられて然るべきではないでしょうか．即ち，"一国二制度"です．

北方四島と沖縄本島との同一スケールの比較図を眺めてみますと，沖縄が一つの都市的なスケールで目に見えてきます．

沖縄計画2300
① ヤンバル原生保護林

② 国道54号立体化計画

バイパスとして沖縄高速自動車道が完成し，那覇市と名護市を結んでいますが，沖縄を縦断する道路としては国道54号が，最重要な都市間交通としての役割を現在も担っています．国道54号の補強は重要課題ですが，平面的に拡幅するとか，並行して第2の縦貫道をつくる土地の余裕は，この狭い沖縄に求めることはできません．54号を3層に立体化することが最良の方策です．地上レベルを近接する都市間交通，中段レベルを主要地区間交通，上段レベルをノンストップの南北間（那覇～名護間）交通というように，車の速度とインターチェンジ間隔をヒエラルキー構成とする立体的な道路構造とすることによって，沖縄の道路問題は解決されます．

③ 沖縄海上空軍基地

本島内の嘉手納基地を，海上基地として10kmの

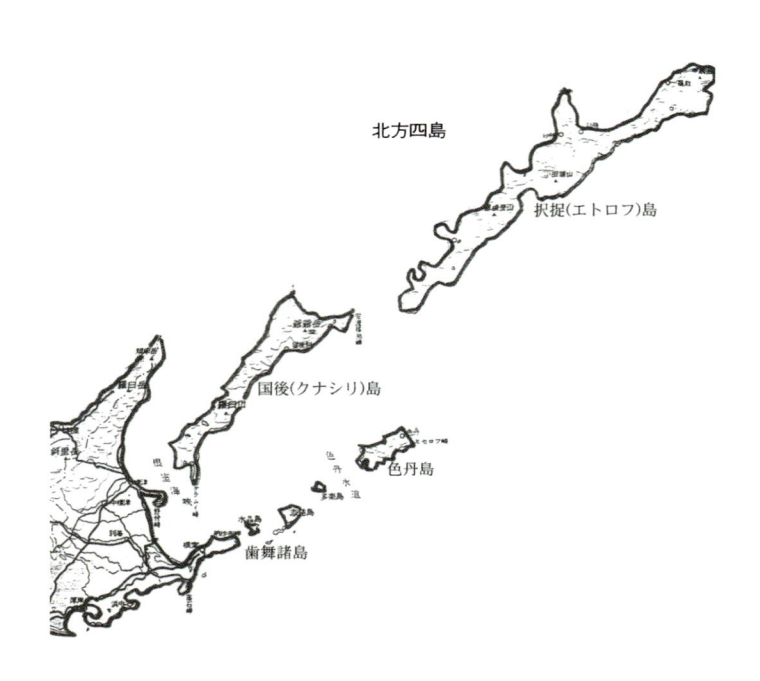

図12-4-1　北方四島と沖縄本島との同スケール比較

沖合に移転します．フロート構造で基地(小都市としての規模をもつ)をつくり，沖縄本島とは海中トンネルで結びます．

アジアにおける空軍基地として，アジア諸国間で連帯のもてる位置に海上基地を置くことは，重要な視点であると思われます．

④ 沖縄流通港

沖縄がアジアの中心的位置を占めていることから国際流通港(ハブ港)を海上に，フロート構造でつくることが考えられます．現在は那覇港，浦添港，宜野湾港というように各都市ごとに港が計画されていますが，それらをまとめて規模の大きい，効率的な流通港を建設すべきと考えられます．そのためには，都市間の軛から解放された海上に位置を選ぶことです．フロート構造は就労者の住宅，娯楽等生活に必要な設備を整えた小都市の様相をもつこととなりましょう．本島とは海中トンネルによって結びます．

陸から隔離された小都市ですから，これをフリーマーケットとすることも考えられるのではないでしょうか．

⑤ 沖縄連帯都市構想

北方四島と比較して分かるように，狭い沖縄本島の南部に，糸満，那覇，浦添，宜野湾，沖縄の5都市が境なしに連帯しています．20km圏の図からも分かるように，町村合併の対象となる状態で，沖縄南部は一つの都市として再編し，本島全体にわたった総合計画を行うことが，沖縄の国創りには欠くことのできない政策として考えられます．

⑥ 沖縄国際空港

沖縄空港を海上に向けて拡張し，国際ハブ空港とします．

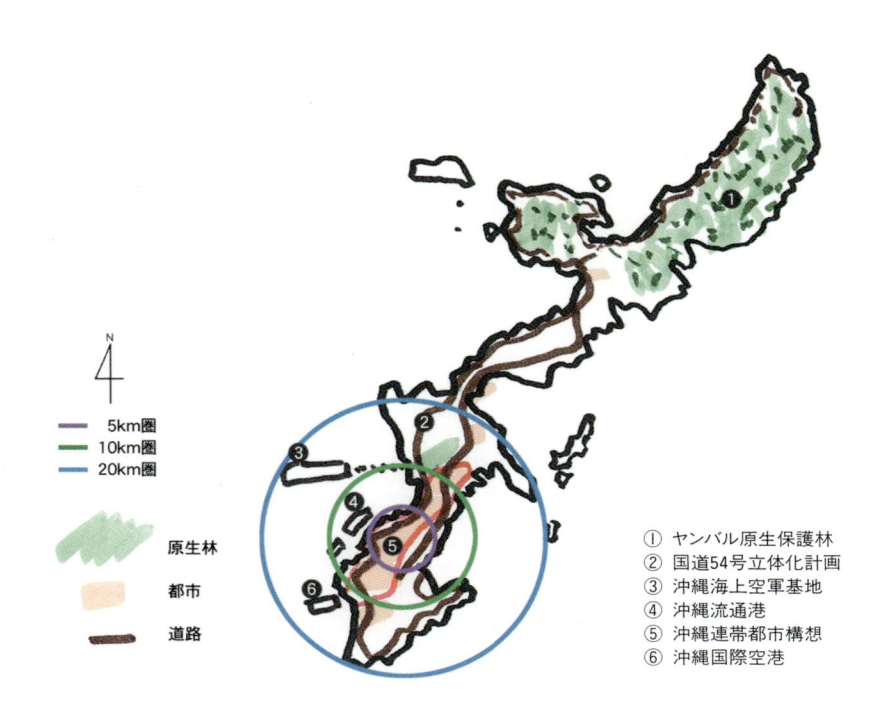

図12-4-2 沖縄計画2300

第13章 都市産業

1. 都市産業 ── ハイテクノロジーの進歩が国を支え，ロウテクノロジーとしての都市産業が国を守る

私たちは，いま大きな転換期にさしかかっているということを誰しもが疑っていません．ところが，転換の方向は誰にもみえていません．転換を遂げなければ，日本の将来は憂慮すべきことになるということが認識されているのみで，その対策がみえてこないのです．メディアは世論を形成する大きな力をもつのですが，この問題に関しては無力で，日常の報道の域を出ないというのが現状ではないでしょうか．

政局もまた流動的であり，どの党も同じような政策目標を掲げます．たとえば，どの党も，行政改革を政策として掲げていますから，行革という面で党を支持するわけにはいかない政状です．どのような行革をするのか，これからは誰が本気で腹をくくってその政策を実行するかという，人をみるということになります．いつの世でもそうですが，人を待望する世情は混沌とした世相を反映しているのです．

都市には住み難くなりました．多少の公営住宅は建てられていますが，政府は持家政策に頼っているため，家を持とうとすると，はるか郊外にしか適正価格の家を見出すことができません．また，都心に住むことのできた幸せな市民も老人になり，収入の道が細くなると，固定資産税や都市税は相対的にきわめて高コストとなり，老人ホームへ出ていかざるを得ません．所帯主が死亡すると家屋敷を物納せざるを得ず，子孫は同じ場所に住み続けることができません．屋敷は更地にしなければ当局は受け取らないので，先祖伝来の林や庭園，また，吉田五十八や村野藤吾の設計した住宅でさえもきれいに取り壊されてしまう，そのような憂き目に合ってしまいます．

多くの建築家が優れた住宅を設計しているものの，依頼主の一生とともに取り壊されてしまう運命にあるのです．そして人々は土地に根差さない浮遊市民となります．国民すべてが浮遊している様は，混沌とした政治に重なってみえてきます．

「グローバリゼーション」は最近の流行り言葉です．確かに冷戦が解消して以来，国際パラダイムには大きな転換がみられました．しかし，民族や文化の局地的な軋轢は各所に発生し，深刻な様相を，とくに東欧，中東などの地でみせています．日本のもつ誇るべき不戦の憲法は，国際関係の中で果たすべき重要な役割を担うものであると考えるものですが，そのような期待は空転して，固有の，個性ある文化がむしろ地域の融合を妨げているという様相すらみえてきます．

したがって，グローバリゼーションのためには文化は邪魔物である，固有の文化はもたない方がよいという文化不要論という不穏な言説を唱える人々が現れてくる恐れがあります．

事実，外務省高官からそのような話を聞いたこ

とがあるのですが，ある一面を衝いているとはいえ，それでは人類全体が浮遊人類になってしまいます．

少し身近な問題に話を戻しましょう．

経済企画庁は，「構造改革のための5つの課題」(1996年)として，今後取り組むべき目標を示しています．

1. 高度技術の育成
2. 雇用の不安
3. 少子・高齢化社会対策
4. 豊かさへの実感がもてないことへの不満
5. 国際社会への対応

という5項目です．

これらは私たちが当面する大きな問題であり，これを上手に乗り越えないと，日本は沈没してしまうということにもなりかねません．国としての大きな問題です．

しかし，これらの重要問題が並列されていることに私は一抹の不安，はたしてこれでよいのかという思いを抱くのです．高度技術の育成と雇用の不安とはどのような関係にあるのでしょう．高度技術による産業が発達するほどに省力化が行われ，雇用の機会が少なくなるはずです．AV産業や自動車産業におけるオートメーションが雇用を駆逐した事例など，記憶に新しい出来事でした．

雇用の不安と高齢化社会の関係はどうでしょう．まだ働く意欲のある高齢者にとって働く機会が与えられているでしょうか．定年という足切りが待っています．また，高齢化社会と豊かさへの実感はどうでしょう．先に述べたように，高齢の市民(高齢者ならずとも)が都市に住めないような状況で，どうして豊かさの実感が得られるでしょうか．

経済企画庁が挙げたような羅列からは，何事も生まれません．そこで，混沌とした羅列から抜け出すために，多少の考察を試みたいのです．

1960年代にS.シャマイエフは，『コミュニティとプライバシィ』を著しました．その頃，R.ヴェンチューリの『建築における複合と対立』，N.シュルツの『実存・空間・建築』，J.ジュイコブスの『アメリカ大都市と生と死』などの名著[1]が次々に刊行され，建築界に大きな影響を与えました．モダニズムから脱し，ポストモダニズムへ向かう契機を与えたのです．それらの多くが，建築デザイン論，都市論であったのに対して，『コミュニティとプライバシィ』は明らかに建築計画論でした．

その当時，私は東京大学工学部建築学科で建築計画論の研究を長年続けている吉武研究室[2]の流れの中にいたのですが，洋の東西を問わず，期せずして同時に建築計画論が追求されていたことに深い感動を覚えたのを強く心に受け止めています．交流があったわけではありません．建築，そして建築設計を哲学的につめていくと，世界のどこにあっても自然に建築計画論に到達するという思いでした．

『コミュニティとプライバシィ』の中に，建築計画論の基本となる考えが次のように述べられています．

「デザインの課程における第一歩は，働いている力，形態に反映させるべき圧力のパターンを，解明して記述することである」[3]．これは建築計画論的手法の基本[4]そのものです．

また，同書の中で問題(または領域)の分解と合成について，次のような比喩を用いて述べています．

「腕きの肉屋でも年に一度は包丁をとりかえる．何故かと申せば切るからだ．普通の肉屋なら月に一度．何故かと申せばたたききるから．しかし，私は19年もの間，千万もの牛どもを切り刻んだがこれを使い続けて，その刃はあたか

もいま研がれたような切れ味．と申すのも，骨の接目には必ず隙間が，その上この刃はかみそりのよう．薄い刃がさし込まれる隙間が必ずある．これを繰り返せば隙間は大きくなるばかり．次第に，刃を自由に使えるように切り口は拡げられてゆくのだ」．*5 このような比喩が説かれる分解の概念が，問題を解決する糸口をつくるという考えは，昔から職人の腕前の中にも，そして建築計画論にも，また現代の科学論*6 の中にもみられることです．

このような分解(分類)の刃を用いるならば，経済企画庁の5つの課題には，大きな分解点が存在することが分かります．第1の高度技術と，第2以下の雇用，少子・高齢化，豊かさの実感，国際社会への対応との間には臨界点が存在することに気付きます．前者はハイテクノロジーの問題です．後者は(適切な言葉に迷うのですが，ハイに対極するということでロウという言葉を使ってみましょう)，ロウテクノロジーの分野における問題です．ハイクテノロジーの開発は国際的な競争の中にあり，ベンチャーの動きによっては明日を予測することも難しい領域です．また，ハイテク開発に関係し，収益を上げる人は限られています．開発されたものを利用する人たち・受益者は世界にわたり拡がりますが，利益を得る人たちは限られており，限られた少数の人が巨額の富を得るという仕組みがハイテクの開発にはつきまといます．

さらに重要なことは，ハイテクノロジーの進展にはコントロールが利かないということです．目標があって進展するものでなく，技術が新しい技術を生むというプロセスを取るわけで，目標のない進化の結果を予測することはできない，そのような難しい問題をかかえています．それがベンチャーの所以ですが，明日の予測のできない行先はどのようなものになるだろうという不安のつきまとう原子力，生命科学，臓器移植，高度医療，高度情報，そして最近とくに重要な問題となっている金融ビックバンなどのハイテクノロジーの分野では，それら技術の独走を制御する方策が改めて考えられなければならないことになりましょう．

このようなハイテクノロジーの領域とロウテクノロジーの領域は根本的に異なっています．ハイに対するロウという言葉を用いたのですが，実はこの領域はわれわれにとってベーシックテクノロジーの領域としてとらえるべきと考えます．建築計画論的な見方からすると，両者の間に存在する臨界点が明瞭に認識されます．一方がマスタープランの立てられない領域であるのに対して，ベーシックの領域はマスタープラン*7 の立てられる領域です．

この違いは非常に大きいのです．ロウテクノロジーに属するベーシック領域は生活領域であって，すべての市民・国民が，そこに現実の生活を営む領域です．裾野は広く，多くの人々がそこから生活の糧を得ることができる基本的な生活領域です．そこで，このテクノロジーを高度技術産業に対する「都市産業」と名付け，ひと括りに「ベーシック・インダストリー」としてとらえることが，これからの都市創りの手掛かりになると考えます．

ハイテクノロジーの社会は，その趨勢として雇用を駆逐する領域でした．それとは反対に，都市産業を新たに興すことによって，その中に高齢者雇用を含めて広く雇用を吸収し，高齢者が若壮年者とともに都市内に生活することを可能にし，身近に診療所（家庭医）や買物店，公園などを見出し，広い住宅に親子代々安心して住むことができるようになるのです．このように記してくると，いかにもつましい，ありきたりのことをいまさら書きとめるような思いもする

のですが，それができていないのが，いまの日本の都市生活です．

現在の政治行政では，おのおのの問題がバラバラに取り上げられ，個別の解決のみが図られるため統合的な調和ある生活領域，即ち良い都市ができないのです．分解と統合がなされていないのです．これらの諸問題は個別の省庁で扱われ，それらの間を統合する仕組みがもたれていません．スーパー業界が市民の身近なマーケットの中に診療室を置き，大手企業が介護事業を家庭を対象として展開するという最近の動きは（記事13-1〜8），市民の中に定住都市環境を求める願望の強いこと，そこを需要としてとらえた企業戦略の結果なのです．さらに，政治における諸施策が統合されていないことによって発生する矛盾を補う動きでもあります．健康や介護の問題を，政府の政策によって解決される問題として待つことはできません．民間の力が政策に働きかけるサイクルが必要であるという経済界からの表明なのです．

このような，官民総体で定住都市環境をつくっていくという創造的活動を「都市産業」ととらえます．都市計画は官による上位計画が下へ流れるというプロセスを取るのではなく，官民一体の取組みが必要となるわけです．「都市産業」というテーマの中に市民に関わる大きな問題を統合することを次の世代に向けての目標とするならば，諸問題はよりよい解決へ向かって動き出す――というのが私のこれに関しての考えです．これは，行政改革の省庁統合への視点となるはずです．

ミニ開発が都市の最悪の状況として指摘されますが，東京・山の手の住宅街も，狭い宅地に建てられるマンションの林立によってミニ開発と同様にスラム化しつつあります．このような都市の破壊は防がなければなりません．都市に住み，定住都市環境をつくるという視点から，住居も，道路や公園も，保健，高齢者，障害者，雇用，税制，土地対策等々多くの事項に対して統合的政策を取ることによって，私たちの都市環境はつくられます．

定住都市環境のあり方はそれぞれの都市によって異なるでしょう．気候，風土，人口，歴史，産業，文化等によってそれぞれ異なった個性が現れます．各都市に適合した個々のイメージが描かれるということです．

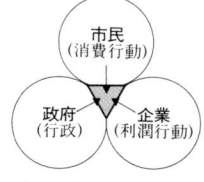

図13-1　環境NGOの役割 *10

都市の中にはさまざまな生活，活動があり，すべての市民はそれに関わっている．活動を働きかける立場，またそれを受ける立場であるとを問わず，都市に住むすべての人々が関わることである．それらの活動をロジスティックにシステム化することが都市産業なのである．「政府，企業，市民の3つの部門が接する真ん中のエアポケットに相当する部分」（図13-1）を活動領域として組織化することが都市産業の考えであり，介護，ゴミ処理，自治体の民間委託（記事13-1, 2, 3）などはすべて都市産業に組み込まれる分野である．とくに医療は30兆円を超える（1999年度）大きな領域であり，都市産業としての合理性，即ちベーシック領域に向けてのリストラとハイテク領域である高度医療振興とが共に方策されなければならないであろう．

記事13-1　スーパーの中に診療所・薬局，大手企業介護へ進出
（日本経済新聞970105）

記事13-2　企業の看護サービス参入
（日本経済新聞961105）

そこでは，地方分権に基づくイメージづくりが，各都市で独自に行われなければなりません．そのような都市生活のイメージ[*8]の下に統合的政策が取られるという前提をベースにして，ベーシックテクノロジーの領域では，21世紀に作業すべき22世紀に対するマスタープラン（システムとしてのシステム・マスタープラン）が描けるようになるのです．私たちが生活する建築や都市は，このようなマスタープランの中に位置しているのです．

2. 雇用の促進と都市産業 ── 手仕事のすすめ，職人の復活／セーフティネット

中央・地方を問わず，官民一体となって定住都市を創ることが，国土を整備し，住みやすい社会をつくる基本であることを前節で述べました．そのような都市を創ることは官だけでできるものではなく，民間をも巻き込んだ大きな仕事であり，それを実現させるには「都市産業」と名付けられる，しかし，公共的な側面を多分にもつ産業分野として改めて認識する必要があると考えます．

官に頼るには広範であり過ぎ，また市民生活に密接していること，ボランティアに頼るには過大な内容をもつこと，そのために公共概念に支えられた特別の産業として，統合的視野で立ち上げていくことが求められます．

私たちの町をつくる仕事（産業）には数多くの仕事が待っています．都市の維持管理（道路の清掃や公園緑地などの緑の管理等），建物の維持管理，生活廃棄物の処理（回収，リサイクル），高齢者の介護援助，生活に密着する品の生産販売，安全対策，教育等々，これまで給付を受けていた多くの仕事が都市産業として生産対象に転化することになります．

熟練した手仕事や職人技など日本に伝統的な"手"を大切にする技術を復活するゆとりが都市産業に求められる，と考えられるように，それは，これまでの産業が求めた利潤を追う経済行為ではなく，より社会性のある（モラルハザードを回避する），そして多くの市民の雇用を吸収し，生産へ従事することを可能にする産業です．

ベーシックの領域（ロウテクノロジー）とハイテクノロジーの領域との間には臨界点があり，両者を明瞭に異なる領域として認識をしておくこ

記事13-3　企業のごみ処理参入
　　　　　（日本経済新聞980501）

記事13-4　コンビニ型図書館のすすめ
　　　　　大西亥一郎（朝日新聞970226）

記事13-5　郵便局で行政手続き一括処理
　　　　　（日本経済新聞970322）

とが必要です．ともすればギャンブル的要素をもった結果を招来する可能性をもつデリバティブ行為，勝者一人勝ちを招く高度情報技術産業，きわめて過大を指向する国際金融など，ヴァーチャルな要素を多分に含むこのようなハイテクノロジー領域と，一人の勝者を除くすべての国民が所属するベーシック領域(ロウテクノロジー領域)とは，明瞭に領域を分解された上で再統合されなければなりません．

このような臨界点(クリティカル・ポイント)において分解された二つの領域を一つにつなげ，統合するために必要な手段がセーフティネットです．不安定要素がベーシック領域に侵入することを防ぐ方途が講ぜられなければなりません．それにはセーフティネットというフィルターを臨界点に設けた上で両者を融合させることです．

ローテクのベーシック領域においても，コンピューター技術を高度に駆使して業務を遂行することは当然に求められます．ローテク領域なりのハイテクノロジーの進歩が求められているわけです．高度情報技術の分野では，二つの領域を高度情報はいとも容易に往来できるわけですから，そこにセーフティネットをかけるにはかなり意図的に，政策的に，あるいは倫理的に運ばねばなりません．

しかし，意図，政策，倫理等は市民社会での要因であって，高度情報技術領域ではコントロールとして作用しないでしょう．ハイテク領域における高度情報技術は，市民のプライバシィを侵害する気配をみせています．これに対してどのようなセーフティネットを設けるかは，二つの領域が健全に両立し併存するためには重要な問題になります．

ロウテクのベーシック領域，それは都市産業が支配する領域でもありますが，そこでの金融は市民が直接関わる生活上の問題として取り上げる必要があります．金融というと大袈裟ですが，銀行や信用金庫が店を開いていない地方の農山村では郵便貯金が市民の金融を支えています．

金融ビックバンは先にも述べたように，ロウテク，都市産業領域に対置されるハイテク領域での出来事ですが，この解決いかんによっては明らかに大きな影響を市民社会(ロウテク都市産業領域)に与えます．ここにおいてもセーフティネットが張られる必要性がありましょう．市民が安心して利用できる金融が，ベーシック領

13-2　プロムナード・プランテ　パリ(1999)
レンガのアーチの連続．

鉄道敷に使われていたレンガアーチ構造が現代に生かされている．アーチの内部は店舗に，上部は緑豊かなプロムナードになっている．手仕事が現代都市に残されている．

13-3　緑のプロムナード　パリ(1999)

レンガのアーチの上はプロムナード，バスチーユから約3km続いている．

記事13-6
手仕事のすすめ
(朝日新聞970829)

1914年に完成した東京駅に近い高架橋はレンガ組積造のアーチ構造で現在に使われている．この建設時代にはこれら手作業による構築がしっかり都市産業に組み込まれている．生活をつくっていく上での一つ一つ，一人一人の手作業が町づくりの中で長い時間を息づいているのだ．

域の内部に存在しなければならないわけです．高度情報技術，金融ビッグバン等々のハイテクノロジー領域と，私たち市民生活の領域(ロウテク，ベーシック領域)とはセーフティネットを介して向き合う，その方法を解決していかなければならないのです．そのために，都市産業を官民一体となって興していく必要に迫られているのです．

3. 行革と地方分権と都市産業

都市産業は民間の雇用を吸収すると同時に，官の関与も，従前よりキメ細かく密に，効率良く計られなければなりません．これまでの都市計画は官主導で，法制を整備し，財政をつけることによって行われてきましたが，都市産業の時代の都市創りは官民一体となって都市創り(都市産業)の主体になることが求められます．「お上の指導」という立場から都市産業の舞台へ降りて，その生産を担うということです．より充実した官の関与が全国の都市に求められるわけです．それは地方分権が実行されるということです．

行革の中間段階で，国土企画省，国土保全省という案が出されました(1997年8月，記事13-9)．それは巧みなネーミングでした．企画省は国土全体の，国を創るための設計を担当するセクションになります．統合された計画を立てるには，優れた能力の少人数のチームによることが必然であり，効果が上がります．小さな中央政府という行政改革の主旨にも合います．

保全省は，それぞれの地方(または都市)で，企画省によって計画された大きな方針に沿って実際の森林・河川・土木事業や地区インフラ事業，都市計画事業を行い，完成した後にはその維持管理・保全を担当します．

北から南まで数多くの自治体の基盤(風土，歴史，生活，産業，文化等)にはそれぞれ個性がありますから，このような全国にわたる多数の現場(現業)にはかなりの人員をその場に配置して，事業の実施と管理を担当させることが都市産業を潤滑に，またキメ細かに動かすための鍵となります．

それは，建設産業において，設計と施工とが分離されて行われるプロセスに酷似したものです．企画省は基本的な設計を行い，保全省はその実

記事13-7　空き店舗の活性化
（日本経済新聞980410）

記事13-8　町が企業になる――受益と負担効率重視
（日本経済新聞971010）

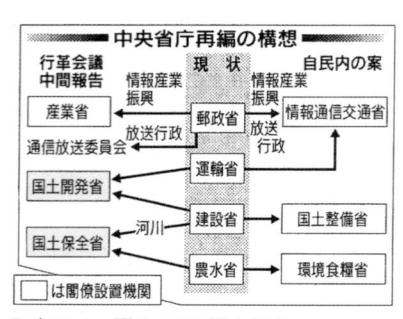

記事13-9　国土企画・国土保全
（日本経済新聞971010）

1997年9月，橋本内閣の行革会議の中間報告には国土企画省，国土保全省が入っている．同年11月の政府与党案ではそれらは姿を消し，国土交通省にまとめられている．現状省庁をまとめるのみでは省庁の数は減少しても，却って巨大省庁が誕生することになる．

施設計と施工を、そして維持管理を行うという事業分担で、現業領域の監理は、設計者が施工を監理する立場をもつように、企画省が監理を行っていくことによって、透明性の高い分業ができます。保全省は現業ですから、当然人員は増えます。事業が全国にわたるために、それぞれのプロジェクトの保全省要員は地方へ分散して出ていけばよいのです。かつ、地方の歴史、風土、生活等を熟知した地方出身の人達のUターンによって都市産業として運営していきます。このようなことになれば、それは地方分権の実行につながりましょう。

そして、中央には少人数に制限された企画省要員が残る、ということで小さな中央政府、手厚い地方という行政改革の実を上げることができます。

都市産業を円滑に運営するには、行政改革を伴う必要があるということです。

4. グランドデザインと都市産業

都市産業が稼動するためには、どのような都市を創るのか、その目的が明確にとらえられていなければなりません。まずグランドデザインが提示され、その方針に沿ってそれぞれの問題が解決されるというプロセスを取ることによって、固有の土地に相応しい定住都市が創られていきます。

〈新首都東京2300計画〉のシステム・マスタープランは、新首都をつくるグランドデザインです。それをシステムとして表現したのが、システム・マスタープランです。

グランドデザインは"ものづくり"の思考から出発するがゆえに、統合を可能とし、統合を実現するために"ものづくり"が発想されます。その過程では統合的思考者としてグランドデザイン・アーキテクト[*9]の存在が必要です。また、グランドデザインを立案するには組織化された専門家集団が必要です。

国土企画省でグランドデザインのソフト計画を行うとすれば、自治(行政域制度)、行政(地方分権)、財政(相続税等税制)、環境(環境保全)、海域(港湾行政)、運輸警察(都市交通)、土木(河川・道路)、建築(都市建設)等、多岐にわたる専門職による集団組織が構成されることが必要になります。

---

*1 3著書ともに、鹿島出版会／SD選書版
*2 戦後、吉武泰水東大教授(当時)を指導教官として公共建築を通して建築計画論を発展させた研究室。建築計画の分野での影響は大きい。
*3 『コミュティとプライバシィ』S.シャマエフ、岡田新一訳／鹿島出版会／P131
*4 「建築施設を主に使う人を主体として、そこでの生活や営みを見つめ考え、それを建築施設の計画に反映させる」『建築計画学への試み』吉武泰水／鹿島出版会／序
*5 『コミュニティとプライバシィ』P190
*6 「……分類に関する思考はそれなりの高度の秩序をもっている……」『科学論入門』佐々木力／岩波新書／P24
*7 ここでいうマスタープランは、システム的なマスタープラン(システム・マスタープラン)であって、物理的形態を示し、規制する在来のマスタープランを意味しない。

*8 ここでは「イメージ」という言葉を使ったが、「権力」という言葉を使った方がよいのかもしれない。もちろん、専制君主時代の権力を意味しているのではない。民主的な市民社会の中における権力を意味している。国民の総意(選挙における投票)によって構成された政府は、そのような権力をもつことが義務付けられている。「権力は人間の生命の再生産や安全はいうに及ばず、内面の幸福にいたるまで、生活のあらゆる側面を"保障"すると同時に"支配"している」。『都市の論理』福田弘夫／中公新書／P210
*9 アーキテクト：分解と統合の手法によって"ものづくり"を思考し、設計する職種。
*10 『ゼロエミッションと日本経済』三橋規宏／岩波新書／P219

第14章　首都のバックアップ機構と魅力ある地方都市の創造,そして一国二制度

東京が災害に襲われたときに備えて首都移転を行うということが,移転論の中でいわれています.移転した先に地震等の災害があったときには,またそのバックアップが必要となりましょう.バックアップのためには第2,第3の首都機能を準備しておくことの方が,より確実にバックアップの機能を発揮します.

〈新首都東京2300計画〉では,東京湾を関東平野における水の広場と想定し,東京湾岸に拡がる翼をもった首都を提案しています(図14-1).関東平野に位置する各自治体(神奈川,千葉,埼玉,群馬,栃木および東京都)が,共通に関係する東京湾を広場ととらえるところに,首都であると同時に東京湾岸ウォーターフロントの計画調整を行うという新首都の存在意義があります.

日本は四面を海に囲まれています.太平洋,日本海という波の高い外海と,瀬戸内海や東京湾のように穏やかな水面をもった内海と,二つの性格を異にした海に面しています.〈新首都東京2300計画〉は内海である東京湾を,陸部に展開する諸自治体の広場とみたのですが,同じような想定が大阪湾にも,また伊勢湾にも描かれます.

大阪と神戸の中間域に頭をもち,大阪湾岸の沖2kmに淡路,明石から和歌山まで帯状に翼を拡げる第2首都"関西"を描くことができます(図14-2).大阪湾を広場とすることによって周縁自治体の大阪湾沿岸(WF)の諸計画を調整し統合するとともに,頭にあたる地域に首都機能のバックアップ施設を建設します.このことによって,新しい都市を創ることなく第2の首都をもつことができます.名古屋と四日市の中間域に

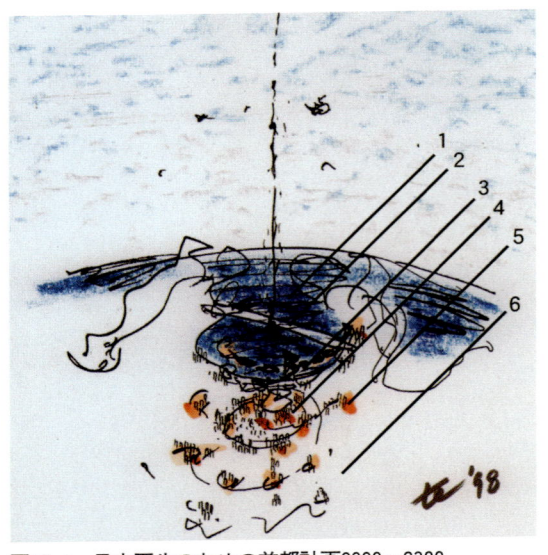

図14-1　日本再生のための首都計画2000～2300

日本が,夢と希望のある明るい国として栄えるために,長期にわたる(2000～2300年)ビジョンを立てる.
このような具体の目標をもつことは重要である.目標に向かって諸政策を統合し,一歩一歩近づいていく.
まず,国際化(グローバリゼーション)の時代を迎えて,世界へ発信のできる,誇りある美しい首都をもつ.

1. 東京湾
2. 東京湾横断道路(アクアライン)
3. 首都東京(水域都市)
4. 首都東京(既存都市)
5. 地方分権に基づく定住都市
6. 都市間に残された自然

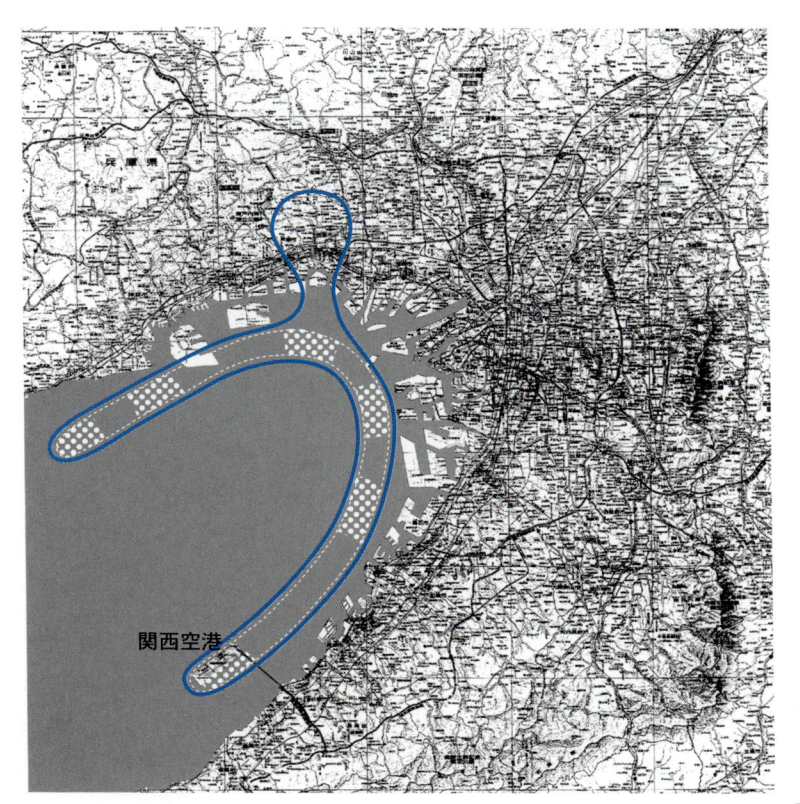

図14-2　第2首都〈関西〉

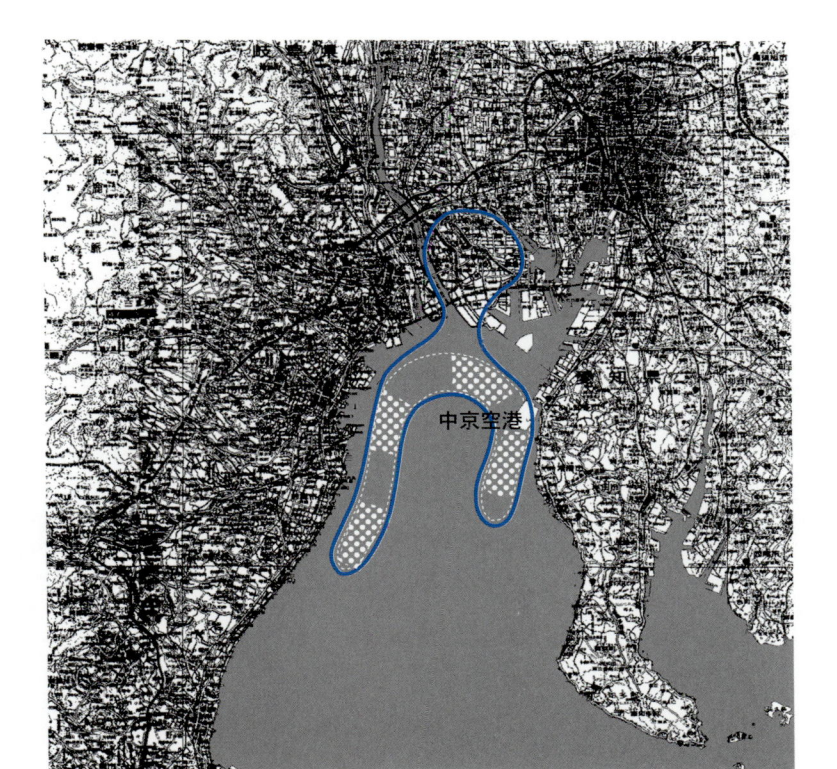

危機管理のためには代替をつくることが常道である．日本の首都に対しても，臨時首都となる第2，第3の都市をつくることが計画されてよい．ハウス・オブ・パーリアメントは平常時は劇場，音楽会などその空間が許容する何らかのイベントの家（ハウス）として利用する．また，第2，第3の首都となり得る都市は，新たな道州制の州都をも兼ねるという総合的配慮が必要となろう．

図14-3　第3首都〈中京〉

頭をもち，伊勢湾の沖に展開する第3の首都"中京"を描くことも，また可能です(図14-3)．

複数の首都バックアップ都市を準備することは，首都の危機管理において十分な策であるといえましょう．これら第2，第3の首都は水域を広場とすることによって，後背の内陸部に位置する自治体の諸計画の整合性を計り，より魅力的な独自の地方都市の創造を導く役割を果たすことが期待されます．

地方分権が進められると，中央からの機関委任業務が地方へ移り，財政の配分も地方が自主的に徴税し予算化するという方向へ進んでいきます．この傾向に対して，小さな自治体(町，村)は「荷が重い」ということで，市町村合併の動きが中央政府の方針も加わり出てきます．

しかし，それでよいのでしょうか．小さな町や村のもつ良さ，好ましい環境が大きな市に呑み込まれ，失われてしまうのではないか，という危惧がもたれます．安易な町村再編によって自治体の数を減らし，行政域を大きくすることによっては，美しい序列のある，好ましい定住環境としての地方都市は生まれません．これに対して小さな集住体としての村や町を良い状態で存続させるには，中央とそれら地方との間に中間的な行政域を設ける必要が"ものづくり"の計画視点から浮かび上がってきます．地方分権のプロセスの中で，道州制が言及されるのはそのためです．

水域を広場とする都市は，日本全国で8〜9カ所，地図上にプロットすることができます(図14-4)．即ち，日本を8〜9つのブロックに分けることが，風土に逆らわない自然の分割であるということです．

これらのブロックの中で北と南は2,500km(稚内より那覇まで)の距離があり，風土，そしてそれを取り巻く国際関係は全く異なるわけで，それらを画一的制度で都市創りを行うことは不合理です．中央集権の時代には一制度によるコントロールが行われましたが，地方分権の時代にあっては，異なる地域条件を明瞭にとらえた上で複数の制度が敷かれるべきではないかと考えます．ロシア，北方領土を控え，領域の広い北海道，アジアの中心であり台湾と同じように海域に囲まれ北方領土の一つであるエトロフ島より狭い沖縄，そして東京湾岸に展開する新首都東京の埋立島，それらの明らかに環境を異にする地区に対しては，固有の制度が制定される理があると考えられます．

記事14-1　市町村合併(朝日新聞990827)

市町村合併には市域の拡大というフィジカルな側面がある．それでは定住環境をもつ町村の温かさは市域の拡大の中に呑み込まれ，本来住むための町としての良さが失われてしまう．都市のフィジカルな領域をいたずらに拡張しない合併制度は，道州制へ移行することである．領域の問題ではなく制度としてとらえるべきである．領域の合併は町村に対してではなく，中央線沿線都市，沖縄連帯都市等のようにスプロール現象によって境のなくなった都市域に対してこそ行われるべきである．しかし，スプロールした連帯都市の合併は，既存都市を解体して大都市に統合するのではなく，定住の既存都市域はそのままとして，制度としての合併が計られるべきであろう．それは，道州制に基づく地方分権へつながっていく．

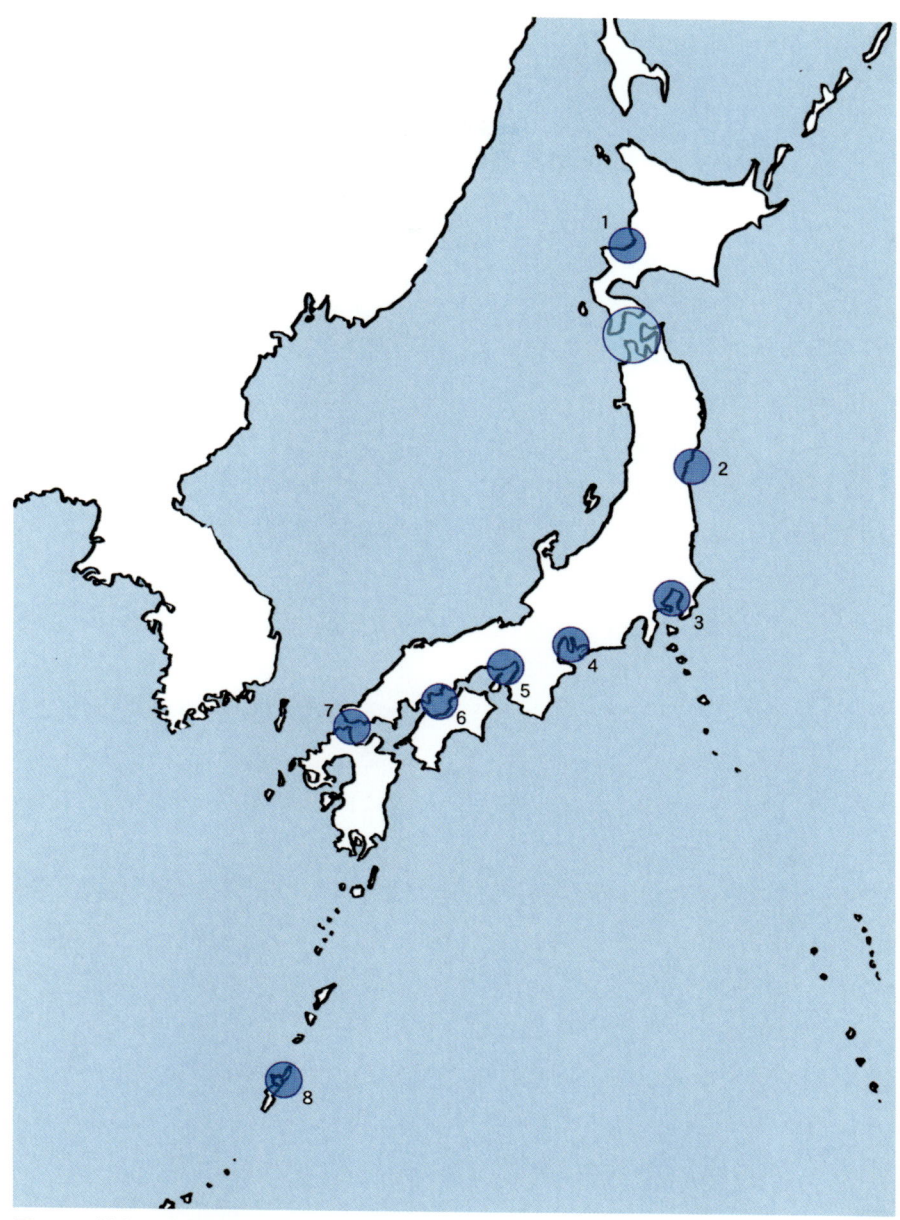

図14-4　魅力ある地方を創る──州都計画

1. 新首都東京に対して，そのバックアップ都市として第2首都〈関西〉，第3首都〈中京〉を計画する．
   新首都東京が海域のバーチャル都市と陸地のリアル都市のヤジロベエ的構成によってつくられたと同様の手法を，第2，第3の首都においてもとる．
2. 第1首都である新首都東京以外の第2，第3の首都は，地方分権のための国土再構成の枠組の中で関西圏，中京圏の中心都市となる．これは道州制分権構成の枠組へ移行する際に関西圏(州)，中京圏(州)の州都となる．
3. ウォーターフロント海域につくられる新都市を核(州都)とする圏域は，全国規模で8カ所考えられる．

1. 石狩湾を海域とする北海道
2. 仙台湾を海域とする東北
3. 東京湾を海域とする関東
4. 伊勢湾を海域とする中京
5. 大阪湾を海域とする関西
6. 瀬戸内海を海域とする中四国
7. 周防灘を海域とする九州山口
8. 沖縄

第15章 むすび ―― 新しい国土を創るという視点から

20世紀は大量生産と大量消費が弱肉強食の経済社会を生み，核装備による軍拡が諸国間の均衡をかろうじて支え，そして資本主義と社会主義の対立が冷戦の下の国際バランスを生むというパラダイムが地球を覆いました．このようなパラダイムは，社会主義大国が消滅しバブル経済が崩壊するとともに消え，それに代わる新たなパラダイムが求められているのが，世紀末に向かう昨今の状況です．

政治，行政，経済，市民社会それぞれの分野における末期的症状，そして行政改革，地方分権，金融改革，教育改革等の主要な構造問題はすべて，パラダイム転換期における生みの苦しみです．新しい社会を"つくる"ためのステップとして必要な苦しみです．

20世紀は一言でいえば，「量」の時代でした．大きなものが世界を制覇する，量が世界を支配する時代でした．組織も大きい方がよしとされました．政府も肥大化しました．大企業が経済界を支配しました．大組織が常に有利な立場に立ち，主要な仕事をこなしました．そのような世界が行きづまったのです．

これに対して，21世紀は「質」の時代を迎えることになりましょう．これまでに，日本の首都を創ることを通してみてきたわけですが，これからの社会にはハイとロウ，二つのパラダイムを健全に併存させなければならないことを述べてきました．ハイは超ハイテクノロジーの進歩です．一方，ロウはロウテクノロジー，即ちベーシックテクノロジーとしての都市産業社会です．そこでは，小量多品種の経済，小さいゆえに効率のよい政府，優れた技術に支えられた生産，大都市よりも小都市，進歩よりも定住……そのような目標へ向かってパラダイム転換が行われます．

"つくる"(生産)ということに関しても，規格品を大量につくり，大量消費社会を推進することから，「量」を極めた良品(それは製品の末路，廃棄までを考慮した)をつくり，それを長く大切に使用することを当然とする社会に移っていきます．

"ものづくり"のみではなく，"都市を創り""国を創る"ことに関しても，新たなパラダイムの下では，これと同様なコンセプトによってつくられなければなりません．

このような"新しいものづくり"の考え(視点)は，これまでの社会には欠けていたものでした．パラダイムが異なるのですから，それは当然のことですが，新たなパラダイムの社会では当然"ものづくり"の方法が変わっていかなければなりません．政治，行政，経済の視点を"新たなものづくり"の視点に変えていかなければなりません．

日本が直面しているきわめて深刻な不況を乗り越えるために多くの施策が叫ばれています．財政構造改革，次いでその方針の変更である経済活性のための財政出動，金融デリバティブ，ビックバン等の金融対策等々の手段がとられる中

で，それらを統合する「総合政策」の欠如を指摘する論調がみられるようになりました．即ち，個々の対症的政策ではなく，トータルに全体をとらえながら，関連付けられた政策を実行していく必要があるということが認識されはじめているわけです．財政構造改革の目標達成を多少遅らせることになりますが，その目標は堅持しながら，当座の景気回復のために公共投資を行おう……ということになりましょう．

ところで，「何のために景気回復か」という目標が明確にとらえられていなければならないことはいうまでもないことですが，現在の政治レベルでは「何のために」ということが，経済のため，金融救済のため，行革のため，青少年教育のため等々……間近の問題に目が注がれ，その先のあるべき本質的な目標に視線が届かず，見失われている状況です．

「何のためか……」「何のための政治か」という最終の目標は，国民が安心して住める，文化の高い，美しい国土(定住環境)をつくること，そのような志の高い社会をつくることが究極の目標ではないでしょうか．

国創りの視点を変えることです．そのためには"新たな都市創り"を基本にして，その目標に向かって，すべての施策を集中させていくことが必要です．都市政策はもちろんのこと，住宅，産業，流通購買，医療，福祉，教育，文化，娯楽等，私たちの生活に関わる諸政策，税制(相続税，固定資産税等)，土地所有，市街地調整，自然保護，廃棄物処理等，国民の生活に関わるすべての制度上の問題の解決が個々に模索されるのではなく，統合的に関係し合った解決，即ち"新たな都市環境創り"を目標とした解決が計られなければなりません．

近年の政治に目を向けると，日本改造の政策が徐々に進行していることが分かります．中曽根政権時代の国有企業の民営化，細川政権時代の55年体制の打破，橋本政権時代の行政改革と財政構造改革，小渕政権下の地方分権，金融改革，経済政策等，それらの流れは個々には時代の趨勢によって政策遂行の緩急が計られなければならないとはいえ，歴史的流れでみると，確実に改革に向かって進んでいるとみるべきでしょう．公営企業の民有化および再編は，国際化の波の中でさらに進められるでしょう．55年体制にはもう戻らぬほど，国民の目は鋭くなっています．行政改革により中央省庁数は半減しました．次は人員を半減する動きが強まるでしょう．

財政構造改革は，景気浮揚のため一時棚上げされていますが，いずれは手をつけなければならない改革です．地方分権は1999年に法が制定され，2000年より権限の委譲が始まります．地方はその受け皿を用意しなければならない時代を迎えます．それらの施策の中で，公共投資による経済活性化政策だけは，さしたる成果を上げていません．

公共投資が省庁主体の予算配分比率によって配分されるために，もっとも必要とされる公共事業に対する有効な投資となっていない，つまり，無駄な投資が行われているためです．これを，都市産業の目的に沿った有効な投資に変えることによって好転することが期待されます．

第13章「都市産業」の項で述べましたが，ハイテクノロジー領域の高度情報化による情報や金融産業界の異常な展開に対して，ベーシック(ロウ)テクノロジー領域に位置する都市産業は，それとは異なる次元の問題をもっています．この二つのパラダイムの間にはセーフティネットが設けられなければなりません．庶民の金融がビックバンによって吹き飛ばされないように，また，市民のプライバシィが高度情報の異常な

展開によって侵されないようにです．

しかし，情報産業を主軸とするハイテクノロジーの発展は国際的な趨勢で厳しい競争を強いられます．そのような国際競争に遭遇して，ハイテクノロジーは発展させなければなりません．日本が国際社会の中で成り立つには，そして国の隆盛を遂げるにはハイテク領域である高度技術を進歩させ，高度産業を振興させなければならないことはいうまでもありません．このようなハイテク領域とロウテク領域を明瞭に分け，それぞれに最適な解決を与えるという視点が，これまでの政治，行政，産業，金融などあらゆる分野において欠けていました．

20世紀のハイテク領域の雄であった自動車産業の隆盛によって，製品としての自動車台数は幾何級数的に増大しました．その結果，都市には車があふれ，本来"人間が住むため"であった都市構造が破壊されました．車の問題を解決するためにはさまざまな方策が考えられ，多大の投資がなされましたが，未だにこれという解決には行きついていません．

21世紀の高度情報産業に関しても，その発展膨張がロウテク領域である私たちの生活環境（都市）を蹂躙してしまうのではないか——その恐れは十分にあるわけで，それを避けるためにもハイテクとロウテクの領域間の臨界点を見極め，その間にセーフティネットを設けた上で，ベーシック領域である都市環境の統合的建設を行っていく必要があります．これまでは，思いつき的に目の前に現れた問題のみを処理するという場当たり的な施策がとられていました．それが現在の政治，行政，社会の行きづまりを生んできたわけです．このような決定的な構造劣化に対して，大いに改革の気運は盛り上っています．中曽根政権以来，数代の政権にバトンタッチされた諸改革は着実に歩みを進めていることは先にみた通りです．

これらを個々に解決しようとするのではなく，統合的に解決するには，具体的に"ものをつくる"テーマを取り上げることです．その主軸となるのは"国土を創る"という問題を中心に据えることです．

明治維新に相当される日本再興の時代に当たり，"国創り"の視点が求められるのは当然のことです．しかも，世紀末を迎え，日本の経済は先の見えない沈滞に陥っています．この機会をおいて大きな改革を行うチャンスは訪れないでしょう．

21世紀を迎えるに当たって，魅力ある美しい首都を創ることは，個々の政策を統合し新たな"国創り"を進める出発点となる基本的な国家的事業です．そのような首都をどのような方法で創っていくのか，方法が考えられなければなりません．新しい大地の上に首都計画の図を描いたブラジリア，キャンベラなどは必ずしも成功例とみることはできないことを第3章でみてきました．100年を単位として成長してきたそれらの首都が，車社会を基盤として計画されたものであって，人間が主体となるべき社会にとっては十分な解決策をもっていないことが，首都の人口が増えるに従って分かってきました．都市のスケール，人と車のネットワークの組み方が再構成される機運が，それらの都市では生じつつあります．

一方，歴史の長いパリ，ロンドン，ベルリンなどは100年を単位とする改造によって整備され，さらにその先の100年を単位とするフィードバックによって修正されるサイクルを繰り返し，整合性の高い首都としてますます魅力を深めてきています．前者と同様に，どのように都市が創られるか，ということに対して示唆を与えてくれます．

本書では，国土が狭く，人口が稠密で，開発のいきわたった日本では，新たな土地に首都移転を行うよりも，東京改造による「新首都東京」を創ることが，より合理的で優れた首都創りであることを結論付け，それを実現させるために，バーチャル都市としての首都領域を設定することが不可決であるとしています．

一つには，現代の都市(改造)計画は，かつての専制時代にオースマンがパリに描いたような都市計画(それは街路計画を主体としたものでしたが)を描くことはできない民主主義の時代にあること，第二には，現代の都市の改造は，大規模な再開発事業(たとえば森ビルによって都心で行われているような)を都市計画に乗せ，さらに整合を高めるように再々開発を繰り返し，再開発の世代を重ねることによって進めること，それのみが都市改造の有効な手段ですが，再開発の世代交代(代謝)にはやはり100年単位の時間的経過を必要とすること，これらを考慮すると東京湾岸にバーチャル首都領域を設定する必然性が理解されてくるのです．

わが国では，「公共」という語がパブリックの訳として使われていますが，パブリック本来がもつ語彙は日本語にはありません．

翻訳としての公共は，福祉，思いやり，バラマキというような意味に偏っているように思われますが，パブリックのもつ内容にはもっと厳しいものがあります．国や国民に対する義務と責任，ノーブレス・オブリージュと同様な姿勢が公(官)に対しても求められるという側面が実は欠落しているのです．

欧米の都市創りをみますと，パブリックの視座をしっかり保っています．フランスでは，故ミッテラン大統領が5つの国家事業をパリに対して行っています(第3章4参照)．なかでも新大蔵省はパリの東，セーヌ河に沿った地区を選んで建設されていますが，デファンス地区再開発によって興隆しつつある西部地区に対して低滞し疲弊しつつあった東部地区の再興のためという都市計画上の視点があって，建設地が選ばれました．しかも，街区をつくるためにプランは町並みをつくる壁のように延長されています．まとまったプランではないために，廊下が長く，必ずしも機能的に使いやすい建物ではないでしょう．しかし，都市の中に，そして歴史的物語の中に建築を置くとすれば，そのような選択がなされます．かつ，建築の質は非常に高いもので，単なるオフィスビルではありません．これが契機となってベルシィ地区には公園が整備され，都市型集合住宅が整備されるなど，またセーヌ河の向かいには新しい国立図書館がつくられるなど，西部のデファンスとは異なる落ち着いた雰囲気の町づくりが進行しています．絶えざる積重ねによってつくられるフランスの首都の長い歴史をみる思いがします．

ベルリンの首都機能地区(シュプレーボーゲンと呼ばれ，国会議事堂とその事務棟，議員宿舎など国会機能と首相官邸が配置される)の整備状況にも責任と義務を担った心構え(パブリック性)を明らかにみることができます．即ち，それらの建物はすべてコンペによって選ばれています．国会議事堂の屋上にはガラスのクーポラが載り，直下の議会へ太陽光を落としています．屋上は公衆に開放されているために多くの見学者が訪れ，ガラスのクーポラを通してアイコンタクトが期待されています．

議会事務棟と首相官邸とは800mの距離をもって対置されていますが，その帯状の空間は首都機能を表現する空間として緻密にデザインされています．と同時に国会議事堂と同じように，公衆に開かれたスペースとしてもデザインされ

ているのです．

パリの新大蔵省や新国立図書館もそうですが，ベルリンの新装国会議事堂，そして首相官邸（2002年竣工予定）など国家を代表する建物の質の高さについては注目すべきものがあります．建築素材の選定とその組合せによってつくられる建築ディテールの構成が見事で，一般的な建物の質を超えているということです．それを言葉で説明するには百万言を要しますが，たとえば「ベンツやBMWの手触り」といったらよいでしょうか．

1989年「ベルリンの壁」が崩壊した折には，ドイツ国民の誰しもがベルリンが発展するであろうことを夢見ました．ライヒスタークが再生されて国会が移転し，中央省庁もベルリンへ集まり，新しい首都として輝かしい未来があると思われたのです．ところが，1997年よりここ2年ほどの間，人口が減少の方向をたどっています（2年間で12万人減）．都心の住宅環境が子供達を育てるのに十分でないという判断から若い家族達が，自然林が多く庭のある自分の家を持てる郊外，即ち隣接する州域へ移り住む傾向が生じてきたこと，そして，何よりも，建設途上の首都移転事業がそれほどの雇用を生むものではなく，働く人達の失望を買ったためです．ベルリンの首都機能地区（シュプレーボーゲン地区）は，国会議事堂とそれを支える国会機能（事務棟と議員宿舎）および首相官邸のみからなり，そこに司法・行政を含むすべてを集中させる方針をとっていません．最高裁判所はカールスルーエから動きません．連邦の中央省庁もベルリンへ集中的に動こうとはせず，支庁がベルリンへ移ったのみです．しかも，国会周辺へ集中するのではなく，都心域へ分散配置するという都市計画がとられています．これは，「戦後の連邦制がしっかり機能していることを表している」とドイツ建築家協会会長A.ヘンペルは述べています．

ベルリンは「壁の崩壊」後のユーフォリアから覚め，アイデンティティ・クライシスに面しているというわけです．ポツダム地区に突然現れた新しい都市もまだ未熟であり，豊かな都市の様相を現すのには，長い年月を必要とするでしょう．しかし，冷静にこの間の状況をとらえて「ベルリンは変わりつつある．連邦の中でもっとも可能性ある都市であり，それだからこそドイツ建築家協会の本部をベルリンへ移したのだ」というA.ヘンペルの意図は当を得ているといえましょう．21世紀を迎えて，ベルリンは地道な首都建設の道へ踏み出そうとしているのです．

パリもベルリンも，そしてロンドンも，多くの国の首都の町づくりは進行しているのです．それらの国々では，次の世紀を超えて公共は歩みを進めています．

日本でも新たな首都を整備することが，国を創る基本政策として認識されなければなりません．〈新首都東京2300〉では，バーチャル都市領域を新たな都市創りの場とし，合理的で豊かな都市計画を行うことを基本としています．そのためには旧来の制度にとらわれない新しい第二の制度を導入する必要がありましょう．その手法がリアル都市領域へ次第に反映して統合的都市計画が浸透していく手掛りになります．

首都機能移転の問題は，国家全体の政治制度（ドイツでは連邦制であり，日本ならさしずめ地方分権に伴う道州制ということでしょうか）と深く関わることなのです．それらが国の制度改革へつながり，国創りの動きに発展していくことが期待されるのです．

(1999年10月記)

岡田新一略歴

1928　出生
1945　東京高等師範学校附属中学校卒業
1948　旧制静岡高等学校卒業
1955　東京大学工学部建築学科卒業
1957　東京大学院修士課程修了
1963　エール大学建築芸術学部大学院卒業
　　　（Master of Architecture）

● 役職歴

1957　日本建築学会会員
　　　鹿島建設株式会社設計部勤務
1964　Skidmore Owings and Merrill設計事務所勤務
1966　千葉大学講師（～1969）
1969　鹿島建設株式会社理事
　　　同社退社
　　　株式会社岡田新一設計事務所設立　代表取締役社長
1971　東京大学講師（～1973）
　　　セントラル硝子建築設計競技審査員
1974　東京都立大学講師（～1988）
1976　地方都市魅力の調査研究委員会委員（自治省）（～1977）
1977　吉備高原都市計画専門委員会委員（岡山県）
　　　日本建築学会賞審査委員（～1979）
1979　東京建築設計監理協会理事（～1981）
1980　日本建築家協会会員
1981　シンガポール政府登録建築士　第731号
　　　（Registered Architect of the Republic of Singapore）
1988　第13回ホクストン建築装飾デザインコンクール審査委員
1989　AIA（米国建築家協会）名誉会員
　　　第11回軽金属協会建築賞審査委員
1990　岡山県行政アドバイザー（～1994）
1991　岡山県CTO（クリエイティブタウン岡山）コミッショナー
　　　（～1998）
　　　病院建築賞審査委員（日本病院建築協会）（～1992）
1992　まぼろしの一等展
　　　第12回軽金属賞審査委員
1993　第6回村野藤吾賞審査委員
　　　第1回NEGユートピアコンテスト審査委員長
　　　岡山市操車場跡地利用公園競枝設計審査委員長
1994　北海道釧路芸術館設計競技審査委員
1995　第13回軽金属協会建築賞審査委員
　　　岡山城築400年関連事業推進協議会参与（～1997）
1996　岡田新一展（北九州市立美術館）
　　　東京都専門委員・首都機能移転問題担当（～1998）
　　　都市景観・建築文化の十年事業シンポジウム（岡山県）
　　　日本芸術院賞受賞者特別講座「火と土の贈り物」（文化庁）
　　　第13回軽金属賞審査委員
1997　東京ガス建築家セミナー「火と土の贈り物——定住に関して——」（東京ガス）
　　　岡田新一展（宇都宮美術館）
1998　第12回建築環境デザインコンペティション審査委員長
　　　（東京ガス）（～1999／第13回）
1999　（仮称）青森県立美術館設計競技審査委員会委員

● 受賞歴

1969　最高裁判所新庁舎競技設計最優秀賞受賞
1974　建築業協会賞受賞（日本歯科大学新潟歯学部）
1975　日本建築学会賞受賞・建築業協会賞受賞（最高裁判所庁舎）
1979　建築業協会賞受賞（群馬県立図書館）
1980　建築業協会賞受賞（筑波大学中央図書館）
1981　建築業協会賞受賞（岡山市立オリエント美術館）
　　　ブルガリアビエンナーレ招待
　　　福島県建築文化賞受賞（郡山市立図書館）
1982　第16回SDA賞入選（和歌山市民図書館サイン計画）
1983　ブルガリアビエンナーレ招待
1984　ミラノ博招待
1985　建築業協会賞受賞・札幌市景観賞受賞（北海道立三岸好太郎美術館）
　　　第5回東北建築賞受賞（福島市音楽堂）
　　　第1回日本図書館協会建築賞受賞（筑波大学中央図書館）
1986　福島県建築文化賞受賞（福島市音楽堂）
1988　第1回公共建築賞最優秀建設大臣賞受賞（岡山市立オリエント美術館）

1988	第1回公共建築賞優秀賞受賞(福島市音楽堂)
	第4回日本図書館協会建築賞受賞(藤沢市総合市民図書館)
	北海道建築学会奨励賞受賞(函館ヒストリープラザ・BAYはこだて)
	SDA賞受賞(東京大学医学部付属病院中央診療棟・岡山県立美術館)
1989	商環境デザイン賞佳作賞受賞(函館山ヒストリープラザ・BAYはこだて)
1991	第3回公共建築賞優秀賞受賞(岡山県立美術館)
	第3回公共建築賞優秀賞受賞(函館山ロープウェイ展望台)
	第36回鉄道建築協会賞受賞(函館シーポートプラザ)
1993	BELCA賞(ベストリフォームビルディング部門)受賞(函館ヒストリープラザ)
1994	第3回病院建築賞受賞(横浜労災病院)
	第4回公共建築賞優秀賞受賞(浜田広介記念館)
	第4回公共建築賞特別賞・第5回省エネルギー賞受賞(陸別町庁舎・コミュニティセンター)
1995	北海道立北方四島交流施設構想設計競技　最優秀賞受賞
	第27回中部建築賞・第18回金沢都市美文化賞受賞(金沢市立泉野図書館)
	第15回岐阜市都市美創出賞受賞(岐阜県図書館)
	第40回神奈川県建築コンクール優秀賞受賞(横浜市都築区総合庁舎)
1996	第12回日本図書館協会建築賞受賞(小田原市立かもめ図書館)
	恩賜賞・日本芸術院賞受賞　建築業協会賞・照明学会照明普及賞受賞(宮崎県立美術館)
1998	建築業協会賞受賞(宇都宮美術館)
	「青森県総合芸術パーク グランドデザイン」プロポーザルコンペ最優秀賞受賞

● **著作歴**

1969	「デザインにおけるシステムの意味」SD特集号
1972	「建築の肉体化への道程」SD特集号
1973	「建築と生活との関係」SD特集号
1974	「空間と象徴」SD特集号
1981	「抽象と細密」SD特集号
1994	『都市を創る』OSデザインシリーズNo.1／彰国社
1995	『建築の肉体化への道程』OSデザインシリーズNo.2／彰国社
1997	JA岡田新一特集号 Special Feature, Shin'ichi Okada 『JA』25号(1997号春季号)
1999	『美術館：芸術と空間の至福な関係』OSデザインシリーズNo.3／彰国社

OSPメンバー

岡田　新一
岡田　弘子
庄司　和彦
和田　　篤
高月　捷治
大澤　　真
石谷　智徳
宇佐美卓雄
梅沢　典雄
柳瀬　寛夫
津嶋　　功
岡田　浪平
南部谷　真

出典

図2-1	朝日新聞1999年9月29日
図2-2	「木造住宅密集地域整備プログラム策定検討資料」東京都都市計画局／1996年
表2-1	全国市長会資料／1999年4月1日
表2-2, 3	「東京都市白書1996」東京都都市計画局
図2-3	「生活都市東京構想・9702」東京都政策報道室計画部，加筆
図2-4	「東京都市白書1996」東京都都市計画局
図2-5	『新編日本の活断層』活断層研究会編／東京大学出版会
図2-6, 7	「首都機能移転・新時代の幕開けとなる新都市像」国土庁／1998年
図2-8	「Le Corbusier—Plan Voisin—1925」
図3-1-1〜3	「ブラジルにおける首都機能移転の状況」国土庁ブラジル調査団報告書／1996年，加筆
図3-1-4	「ブラジリア」『季刊大林』No. 44 1998年
図3-1-5, 6	『Le Corbusier 1938-46』
表3-1-1	「ブラジルにおける首都機能移転の状況」国土庁ブラジル調査団報告書／1996年（1986〜1987年の間は統計上の問題のため不連続になっている），加筆
図3-2-1〜6	「オーストラリアにおける新首都建設に関する報告書」国会等移転調査会／1994年，加筆
表3-2-1	「オーストラリアにおける新首都建設に関する報告書」国会等移転調査会／1994年
3-2-1〜3	『a+u』1989年5月号
図3-3-1〜3	「首都ワシントン・オタワにおける都市づくりに関する報告書」国会等移転調査会／1994年，加筆
表3-3-1	「首都ワシントン・オタワにおける都市づくりに関する報告書」国会等移転調査会／1994年
図3-4-1, 2, 4, 5	『パリ大改造—オースマンの業績』ハワード・サールマン著，小沢明訳／井上書院
図3-4-3	『フランスの都市計画』西山卯三序，加藤邦男著／鹿島出版会，加筆
図3-5-1	『THE ARCHITECTURAL REVIEW』1999年1月号
図3-5-4, 5	ベルリン市パンフレット／1993年
図3-5-6	『l'architecture d'aujourd'hui』1995年2月号
図3-6-1〜3	『A HISTORY OF LONDON』Stephen Inwood著／Macmillan
図3-6-6	『the planning of Milton Keynes』CNT;
図3-6-7	『Le Corbusier 1946-52』
図3-7-1〜3	『江戸東京まちづくり物語』田村明著／時事通信社
表7-2	「東京都営住宅一覧」東京都住宅局管理部より集計
表7-3	「首都圏地域・公団事業地区・団地一覧」より集計
7-1	『同潤会アパート生活史』同潤会江戸川アパートメント研究会編／住まいの図書館出版局
7-2	代官山アドレス販売パンフレット
表7-4	「公営住宅の建替えに伴う変化」花房香『芸術工学会誌』No.21 1999年／P51
表9-1, 2	都営住宅資料より作成
表9-3, 4	住宅・都市整備公団(都市基盤整備公団)資料より作成
図10-1	「生活都市東京構想・9702」東京都
図10-2	『住まいを読む——現代日本住居論』鈴木成文／建築資料研究社
図10-3	「日照を"捨てた"新・高輪アパート」『日経アーキテクチュア』1994年10月24日号
事例10-5	『the planning of Milton Keynes』CNT;

上記以外は，(株)岡田新一設計事務所作成資料

撮影

小林浩志	2-1
西野鷹志	2-6, 12-1-7
南条洋雄	3-1-1〜6

上記以外は，岡田新一および(株)岡田新一設計事務所撮影
写真下の(　)内の年号は撮影年を示す．

日本の首都を創る：地方分権とともに〈OS DESIGN SERIES 10〉

2000年3月10日　第1版発行
著者―――――――岡田新一
企画・発行―――――株式会社オーエスプランナーズ（OSP）
　　　　　　　　〒113-0021　東京都文京区本駒込6-7-1
　　　　　　　　TEL・FAX 03-3946-3593
編集―――――――株式会社建築情報システム研究所
印刷・製本――――凸版印刷株式会社
発売―――――――株式会社彰国社
　　　　　　　　〒160-0002　東京都新宿区坂町25
　　　　　　　　TEL　03-3359-3231
　　　　　　　　FAX　03-3357-3961
　　　　　　　　振替口座　00160-2-173401

Ⓒ岡田新一2000年

ISBN 4-395-51060-4　C3352　定価はカバーに表示してあります。